O ESTADO DO PLANETA

Sociedade de consumo e degradação ambiental

Carlos Gabaglia Penna

O ESTADO DO PLANETA

Sociedade de consumo e degradação ambiental

EDITORA RECORD
RIO DE JANEIRO • SÃO PAULO

1999

CIP-Brasil. Catalogação-na-fonte
Sindicato Nacional dos Editores de Livros, RJ.

Penna, Carlos Gabaglia
P459e O estado do planeta – Sociedade de consumo e degradação ambiental / Carlos Gabaglia Penna. – Rio de Janeiro: Record, 1999.

Inclui bibliografia
ISBN 85-01-05686-3

1. Desenvolvimento econômico – Aspectos ambientais. 2. Homem – Influência sobre a natureza. 3. Sociedade de consumo. 4. Proteção ambiental. I. Título.

CDD – 363.7
99-0758 CDU – 504-03

DISTRIBUIDORA RECORD DE SERVIÇOS DE IMPRENSA S.A.
Rua Argentina 171 – Rio de Janeiro, RJ – 20921-380 – Tel.: 585-2000

Impresso no Brasil

ISBN 85-01-05686-3

PEDIDOS PELO REEMBOLSO POSTAL
Caixa Postal 23.052
Rio de Janeiro, RJ – 20922-970

À memória de Aristides Leão, cujo conhecimento, orientação e incentivo, além de uma grande amizade, foram fundamentais para o meu envolvimento com as ciências ambientais.

À Christina, sem a ajuda de quem este livro não teria sido possível.

Apresentação

A sociedade brasileira vem gradativamente adquirindo consciência de que, hoje, problemas ambientais das mais diversas origens e de diferentes níveis de malignidade fazem parte da vida moderna. No entanto, poucos são aqueles que alcançaram visualizá-los de forma objetiva, capaz de possibilitar-lhes avaliar corretamente suas influências nocivas, presentes ou futuras, sobre o bem-estar dos seres humanos e o universo de suas atividades. Prevalecem, em regra, as informações incompletas, por vezes equivocadas, tendenciosas ou baseadas em opiniões pessoais nem sempre calcadas em conhecimentos científicos, as quais terminam por incutir em amplas parcelas da sociedade descrença quanto à gravidade da problemática ambiental e suas conseqüências.

Nessa atmosfera de informações pouco confiáveis, proliferam os oportunistas bem ou mal-intencionados, que, na defesa de sua ideologia de desenvolvimento a qualquer custo, não rejeitam ensejos para menosprezar os temores dos ambientalistas autênticos, ou simplesmente para garantir vantagens materiais imediatas com o uso desregrado dos recursos da natureza, indiferentes a seus possíveis efeitos futuros.

É, portanto, muito oportuno o trabalho de Carlos Gabaglia Penna, consolidando, num só volume, enorme acervo de dados e opiniões de conceituados cientistas e pensadores, que permitirão aos leitores formar uma visão panorâmica da realidade ambiental contemporânea, competentemente documentada.

O autor apresenta inicialmente uma análise do comportamen-

to perdulário da sociedade de consumo, da sua inconseqüente idolatria ao que ela convencionou admitir como progresso e de como se estabelecem os estímulos para o crescimento ilimitado do uso dos recursos do planeta. Segue-se uma abordagem sucinta, porém abrangente e atualizada, dos mais relevantes problemas ambientais de âmbito global que, embora ainda imperfeitamente compreendidos e mensurados, com muita possibilidade significarão, em futuro não remoto, penosos impactos econômicos e sociais de suma gravidade.

Não se resume a obra, contudo, em arrolar problemas e prever conseqüências danosas. Nela são também apresentadas considerações de natureza filosófica sobre a viabilidade de estabelecer-se de fato um desenvolvimento sustentável, expressão ambígua mediante a qual muitos, nos dias atuais, pretendem justificar procedimentos que, na realidade, traem esse objetivo desejável, mas parcialmente utópico, meta a ser sempre perseguida, embora inalcançável em sua totalidade.

Nas suas ponderadas considerações, o autor indica as condicionalidades que idealmente poderiam viabilizar uma sociedade com hábitos menos agressivos contra os ambientes naturais e sucintamente descreve um conjunto de novas políticas e das tecnologias de baixo impacto ambiental, adequadas à sua consecução.

O texto se encerra com uma dramática advertência: cabe ao homem conscientizar-se de sua pequenez e reconhecer que, se não alterar sua conduta de continuada agressão à Terra, oportunamente esta, embora ferida, será vencedora do embate, e a espécie que presunçosamente se intitulou Homo sapiens *desvanecer-se-á prematuramente na imensidão do tempo geológico.*

Pelo volume de informações que contém, consolidando dados confiáveis e pensamentos dispersos em vasto número de obras distintas e publicações esparsas, nem sempre facilmente obtidas, o presente livro é um valioso instrumento à disposição dos ambientalistas e de todos os que se preocupam com os destinos da espécie humana e a preservação do planeta.

Ibsen de Gusmão Câmara
Ex-presidente da Fundação Brasileira para a Conservação da Natureza (FBCN) e atual presidente do Conselho Consultivo.
Diretor-presidente da Sociedade Brasileira de Proteção Ambiental.
Vice-presidente da Fundação de Estudos do Mar (Femar).
Vice-presidente da Fundação SOS Mata Atlântica.

Sumário

"Pode-se resistir à invasão de exércitos, mas não a uma idéia cujo tempo [certo] chegou."

Victor Hugo

"A história humana é cada vez mais uma corrida entre educação e catástrofe."

H. G. Wells

Prefácio

Resolvi escrever este livro quando percebi que a dificuldade das pessoas em ver as atividades econômicas e sociais de modo integrado à questão ambiental é maior do que eu supunha. Como um tema que compreende múltiplas disciplinas, que vão da biologia à hidrologia, da climatologia à geologia, que considera tópicos aparentemente tão distantes, como micro e macroclima, população e produção industrial, proteção de florestas e biodiversidade, erosão de solo e desertificação, que tenta compreender as relações entre as diversas forças do mundo natural e as inter-relações deste mundo com as atividades do homem, é compreensível que a visão holística do desenvolvimento e do meio ambiente seja dificilmente entendida pelos não-iniciados. Essa associação entre o ambiente natural e as ações humanas é ainda muito mal compreendida pelo mundo leigo. Então, perguntarão alguns: se os danos que causamos ao planeta e a capacidade que ele tem de suportá-los são, pela sua complexidade, objeto de controvérsias entre os cientistas, como esperar do cidadão comum um entendimento global dos desafios que lhe são infligidos?

Tenho constatado, entretanto, que uma das principais dificuldades que se impõem a uma reflexão sobre o tema, mesmo entre os que possuem um *background* que lhes permite debater o assunto, é de natureza emocional. Qualquer consideração que condene o *status quo* material dos indivíduos é interpretada quase como uma ofensa pessoal. A asserção de que são necessárias alterações no estilo de vida da sociedade de consumo é encarada como uma interferência na vida particular de cada um. Como se o assunto não lhes dissesse respeito... Os problemas da destruição da biosfera são, para essas pessoas, questões dispersas, em que as responsabilidades não estão bem definidas. Os limites não lhes parecem bastante claros e os sinais de alerta são, comumente, de difícil interpretação. O consumismo é visto como um comportamento que conduz a um aumento da produção e, conseqüentemente, ao progresso econômico e à decorrente melhoria do bem-estar social. Este é um axioma que impede a percepção de que qualidade de vida tem muito pouco a ver com padrão de vida.

O crescimento permanente da economia é encarado como dogma, e as pessoas vêem o consumo crescente de bens industriais e de serviços como algo tão natural como a chuva, o ciclo lunar ou a necessidade de sono. Para elas, isso sempre foi e sempre será assim, como se fosse parte indissolúvel dos sistemas naturais. Apesar de ser ridiculamente óbvio, quantos já se perguntaram se os utensílios e bens artificiais que — cada vez mais — utilizamos não estariam consumindo recursos naturais e causando impactos sobre a Terra além de sua capacidade de regeneração?

Todos nós temos valores e pontos de vista profundamente arraigados em nossas mentes, amadurecidos na nossa civilização e transmitidos por gerações sucessivas. Mecanismos mentais tendem a rejeitar idéias que desafiem a nossa visão dominante da realidade. Mesmo entre indivíduos socialmente preocupados com a "ecologia", a idéia de que o crescimento econômico, nos moldes atuais, é a principal força de destruição do ambiente natural é vista como delirante. É encarada com desdém, quando não como desrespeito a algo sagrado. Mas, gostem ou não os otimistas incorrigíveis, recursos limitados não podem sustentar crescimento ilimitado. Espaços finitos não podem absorver rejeitos que crescem indefinidamente. G. Hardin, professor emérito de ecologia humana da Universidade da Califórnia, declarou — a esse respeito — "que miríades de estratagemas de vendedores ambulantes têm tentado distrair a atenção dos princípios de conservação da ciência, implicando que aceitar a realidade dos limites é tornar-se um pessimista".

É importante que se frise que a crítica ao crescimento econômico é de natureza global, sem desconsiderar as gritantes disparidades entre regiões e a absoluta necessidade de reduzi-las, como veremos no corpo do livro. Mas também é importante lembrar que o crescimento econômico permanente é defendido com ardor por ricos e pobres, de maneira indistinta.

A defesa do *status quo* atual, sem maiores considerações pelo futuro, é uma das principais barreiras a qualquer mudança. Os custos das medidas corretivas necessárias para reverter a tendência de degradação ambiental e falência social (que se verifica na maior parte dos países, inclusive os mais ricos) são imediatos e, freqüentemente, dolorosos. Já as recompensas, por maiores que sejam, mostram-se — nessas questões — difusas, vagas e por vezes incertas e discutíveis. Os custos são específicos e os benefícios são dispersos e futuros. Por que se sacrificar agora, se o amanhã pode não chegar? Os que assim pensam (a maioria) não negam os problemas existentes, mas protelam qualquer tipo de ação. Em especial, como lembra o economista e escritor canadense J. K. Galbraith, propõem a formação de comissões para discutir os problemas; ou a adoção de medidas apenas simbólicas; ou, então, uma intensificação das pesquisas, conferindo, assim, à inação uma aparência reconfortante e intelectualmente bem reputada.

Os argumentos mais utilizados — e excessivamente batidos — pelos que resistem às mudanças indispensáveis à civilização humana são os da necessidade de empregos e alimentos para uma população em expansão; como se fosse possível sustentar por muito tempo mais um modelo de desenvolvimento que esgota a base de recursos que o mantém. A civilização do consumo já está atualmente sacando do principal, e não mais dos rendimentos produzidos por esse capital natural. A espécie humana está alterando rapidamente a fisiologia básica do planeta.

Por comodidade ou incapacidade intelectual, muitas pessoas recusam-se a relacionar o seu *modus vivendi* aos impactos ambientais. Os mais conscientes muitas vezes fitam a natureza como um objeto em um pedestal, a ser tão-somente venerado; têm uma visão apenas romântica da premente necessidade de conservação dos recursos naturais. Não se sentem ligados às causas dos danos ao meio ambiente.

Os indivíduos, em geral, tendem a rejeitar e negar dados e informações que, de alguma forma, ameacem o seu bem-estar, o seu *status* de conforto material e poder. A tendência é minimizálos ou até mesmo ridicularizá-los, como se, com essa atitude, os riscos fossem eliminados. Tem sido assim também com outras ameaças, como é o caso da AIDS, diante da qual um número surpreendente de pessoas age como se fosse um mal menor, restrito apenas a alguns grupos de risco bem definidos.

Mesmo diante de a possibilidade teórica do planeta abrigar e alimentar uma população mundial duas ou três vezes maior que a atual, o custo a pagar seria altíssimo, pois não é apenas a alimentação que é necessária para se ter uma boa qualidade de vida. Os problemas que atualmente afligem a humanidade aumentariam exponencialmente, e novos problemas surgiriam. A vida seria muito mais pobre, material, social e culturalmente, face à magnitude desses problemas, e muitos se perguntariam se valeria a pena uma vida em que um mínimo de tranqüilidade e dignidade estariam comprometidas.

Estão terminando os dias em que recursos abundantes estavam disponíveis como propulsores do crescimento econômico. Por mais extraordinários que sejam os avanços tecnológicos de nossa era, eles poderão resolver os problemas do mundo apenas em parte, pois os últimos limites são de caráter físico. São profundas as raízes de políticas e comportamentos que causam danos ao meio ambiente. Caso não sejam revertidas as tendências predominantes, a capacidade-suporte do planeta estará comprometida de tal forma que, em futuro não muito distante, o declínio econômico e social será inevitável. Estamos entrando em uma era na qual a prosperidade global depende do uso mais eficiente dos recursos naturais, da sua distribuição mais eqüitativa e da redução global dos níveis de consumo.

Não obstante o acelerado crescimento econômico e o aumento de consumo de produtos industriais nas últimas quatro décadas, os principais obstáculos para um mundo mais justo e pacífico permanecem de pé. Na verdade, os abismos entre ricos e pobres — intra e interpaíses — estão acentuando-se, os níveis de desemprego são alarmantes e cada vez mais há sinais de pane nesse sistema socioeconômico que prioriza o crescimento da produção e estimula um consumismo desenfreado. Mesmo nos países onde se concentrou a grande fatia da riqueza gerada no pós-guerra, os problemas do enorme contingente de desempregados, dos sem-teto e da violência urbana estão em escala ascendente, agravados por novas mazelas sociais, como o crime organizado, as drogas e a imigração clandestina, e outras não tão novas, como o alcoolismo, o aumento da prostituição, a xenofobia e a intolerância étnica e religiosa.

Pouquíssimas pessoas dão-se conta do fluxo de materiais e energia, isto é, de que qualquer bem ou serviço utilizado demanda a descoberta, extração e transformação de matérias-primas, incluindo-se nesse processo o consumo de combustíveis fósseis ou de energia elétrica, a utilização de outras matérias-primas e a geração de resíduos poluentes (sob as formas gasosa, líquida e sólida). Além do mais, a utilização de uma mercadoria qualquer gerará, como subproduto final, uma forma de poluição, quando ela for descartada. A reciclagem de materiais, apesar de muito importante econômica e ambientalmente, será sempre limitada e apenas um paliativo para o consumo exponencial de recursos naturais não renováveis.

Naturalmente a grande maioria dos impactos que produzimos é absorvida e processada pela biosfera. Mudanças fazem parte da história do cosmos desde o *big-bang*. Elas estão presentes em todos os sistemas naturais. O que é novo nessa questão é o grau e a velocidade dessas mudanças. Aqueles que prevêem perigos e escuridão são provavelmente os menos escutados. Cassandra predisse a queda de Tróia e ninguém acreditou nela. Entretanto, a questão não é, em absoluto, uma disputa entre Cassandras e Pollyanas, entre pessimistas e otimistas, ou uma visão apocalíptica do mundo, mas sim uma constatação de que nos encontramos em meio a uma crise séria. Como disse o famoso paleontólogo, professor de biologia, geologia e história da ciência de Harvard, Stephen Jay Gould: "A maioria das crises começa com pequenos acontecimentos, fatos na prática imperceptíveis. Mas os murmúrios crescem e as brisas transformam-se em furacões." Sem dúvida, ainda podemos proteger-nos do furacão. Depende de nós.

PARTE I

Consumo e Degradação de Recursos Naturais

Industrialismo é a exploração sistemática de ativos finitos. Na grande maioria dos casos, aquilo que chamamos progresso é meramente a aceleração da taxa dessa exploração. Tal prosperidade, como a conhecemos até o presente, é conseqüência da utilização acelerada do capital insubstituível do planeta.

Mais cedo ou mais tarde, a espécie humana será forçada pelas pressões das circunstâncias a tomar medidas conjuntas contra as suas próprias tendências suicidas e destrutivas. Quanto mais essas ações forem adiadas, pior será para todos. [...] Superpopulação e erosão constituem uma invasão marciana do planeta. [...] Trate a Natureza de forma agressiva, com ganância, violência e incompreensão: a Natureza ferida virar-se-á contra você e destrui-lo-á. [...] Se, presunçosamente, imaginamos que podemos "conquistar" a Natureza, continuemos então a viver em nosso planeta como um enxame de parasitas destrutivos e condenaremos a nós mesmos e aos nossos filhos à desolação, a uma profunda miséria e ao desespero, que encontram expressão nos delírios de violência coletiva.

Essas palavras, atualíssimas, foram proferidas por Aldous Huxley, em 1948 (*in* Mungall, 1990), e são um alerta para a humanidade. A relação agressiva com o meio natural desenvolvida pelo homem é, em grande parte, resultado da visão antropocêntrica do mundo. O homem, pela sua inteligência, certamente é um ser especial. Embora muito diferente dos demais seres vivos, é fundamental reconhecer o quão profundamente o homem é parte de um grande e complexo mundo vivo. As pessoas, principalmente nas cidades (que já contam com quase 50% da população mundial), vivem dissociadas da natureza que as sustenta. Não obstante toda a sua artificialidade e civilização, o homem depende completamente de plantas e animais e é, a um só tempo, auxiliado e ameaçado por bactérias e vírus. A vaidade de nossa arrogância cósmica levou-nos a desprezar essa realidade.

A preparação de um futuro apropriado para o ser humano depende da consideração de todos os sistemas biológicos como um único sistema. A ciência tem continuamente enfatizado a unidade da vida. Todos os organismos são dirigidos por instruções existentes no mesmo código genético; todos são construídos com elementos e compostos praticamente semelhantes, e suas células são constituídas por unidades similares. Com todas essas semelhanças, assim como com suas enormes diferenças, plantas, animais e microorganismos atuam juntos para produzir um único mundo, do qual o homem é parte, tanto quanto os demais, quaisquer que sejam as suas características especiais.

As atividades humanas de alto consumo de energia representam — no seu conjunto — um ataque em larga escala aos ecossistemas terrestres e aos recursos que eles representam. Estes incluem o controle da mistura de gases na atmosfera e, portanto, do clima; o ciclo hidrológico que nos fornece o fluxo de água doce; a produção e a manutenção de solos férteis; a disposição de rejeitos; a reciclagem de nutrientes essenciais à agricultura e à silvicultura; o controle da vasta maioria das pestes agrícolas; a provisão de alimentos do mar e a manutenção do enorme arquivo genético, do qual a humanidade sacou a autêntica base da sua civilização, na forma de colheitas e animais domésticos.

A Terra possui recursos e espaços limitados. Peter Raven, diretor do Jardim Botânico de Missouri, Estados Unidos, chama a atenção para o fato de que "(...) fórmulas econômicas desenvolvidas ao longo dos últimos 200 anos para quantificar os valores envolvidos nas transações humanas não podem tornar a Terra maior do que ela é", nem podem nos dar mais do que os sistemas produtivos e fontes de matérias são capazes de produzir. Raven acentua, ainda, que ao longo das últimas quatro décadas, quando houve uma explosão no crescimento da população humana, desperdiçou-se 1/5 da camada fértil de solo do planeta, os desertos e a salinização tomaram conta de 1/8 das terras cultivadas, os gases do efeito estufa cresceram em mais de 1/3 na atmosfera e derrubou-se aproximadamente 1/3 das florestas existentes em 1950. Estima-se que a civilização humana já esteja consumindo, desperdiçando ou desviando do uso de outros animais cerca de 40% da produção fotossintética líquida de terra firme. Como afirmou Herman Daly, economista do Banco Mundial, "há alguma coisa fundamentalmente errada em se tratar a Terra como se ela fosse um negócio em liquidação".

Esse ponto de vista foi enfatizado por mais de 1.600 cientistas, incluindo 102 laureados com o Prêmio Nobel, no documento intitulado "Advertência à humanidade" (*Warning to Humanity*), liberado em novembro de 1992, em Washington. Nele, a comunidade científica afirma:

> Não há mais do que uma ou [algumas] poucas décadas antes que se perca a oportunidade de reverter as ameaças com que nos defrontamos atualmente e que as perspectivas para a humanidade diminuam de forma incomensurável. [...] É necessária uma nova ética, uma nova atitude com a qual não nos isentemos de nossa responsabilidade para conosco e para com a

> Terra. [...] Essa ética deve ser o motivo de um grande movimento, convencendo líderes e governos relutantes, assim como cidadãos relutantes, a efetivar as mudanças necessárias. (*In* Brown, 1994)

1. Tentativa de Controle dos Riscos e Desconfortos

É próprio da natureza humana a procura da satisfação de um instinto básico: alcançar o máximo de prazer e o mínimo de sofrimento. Os seres vivos capazes de desenvolver reações condicionadas (do tipo Pavlov) são motivados por dois tipos de estímulos com efeitos opostos: um que interfere favoravelmente no aprendizado, reforçando o comportamento adotado (sentimento de prazer); e outro que interfere negativamente, com o objetivo de inibir esse comportamento (sentimento de desagrado). Esse mecanismo prazer-desagrado (ou recompensa-castigo) parte da filogênese das espécies, induz o homem a evitar, compreensivelmente, perigos diversos e gastos desnecessários de sua própria energia. Com o desenvolvimento da inteligência e das habilidades que caracterizam a nossa espécie, os homens foram dominando progressivamente o seu tirano, o ambiente natural. Com isso, foram eliminando desconfortos que tornavam a vida extremamente árdua.

A Revolução Industrial proporcionou à humanidade um conforto material sem precedentes. A civilização humana começou a desenvolver técnicas e fabricar instrumentos que lhe permitiram minimizar os efeitos das forças naturais. "O desenvolvimento da tecnologia moderna, e especialmente da farmacologia, favorece em grande medida a aspiração humana de evitar o sofrimento", constata o cientista alemão Konrad Lorenz, Prêmio Nobel de Medicina em 1973.

Talvez o mais simples operário da atualidade ficasse indignado se lhe oferecêssemos um quarto com o aquecimento, a iluminação, a cama e todo o tipo de conforto que eram bastante aceitáveis para Mem de Sá, Martim Afonso de Souza ou mesmo, mais recentemente, d. João VI. Sem ônibus ou automóvel, sem geladeira, elevador, telefone, rádio ou televisão, a vida de um nobre abastado do século passado seria quase insuportável para um pobre de hoje. Na avaliação de Lorenz, "dominando progressivamente o seu meio, o homem moderno, por força das circunstâncias, deslocou o equilíbrio prazer-desagrado no sentido de uma hipersensibilidade diante de toda situação dolorosa". Albert Einstein, o consagrado criador da teoria da relatividade, considerava que é ao processo de espiritualização das emoções e do pensamento que o homem deve os mais sutis e refinados prazeres de que é capaz, isto é, o prazer diante da beleza da criação artística e dos encadeamentos lógicos do pensamento. No entanto, prossegue Einstein,

> [...] se os homens, como indivíduos, cedem aos apelos de seus instintos básicos, evitando a dor [e o desconforto] e buscando apenas a satisfação para si próprios, o resultado [...] é forçosamente um estado de insegurança, medo e sofrimento geral. Se, além disso, eles usam sua inteligência numa perspectiva individualista, isto é, egoísta, baseando suas vidas na ilusão de uma existência feliz e descompromissada, as coisas dificilmente podem melhorar. Em comparação com outros instintos e impulsos primários, as emoções do amor, da piedade e da amizade são fracas e limitadas demais para conduzir a sociedade humana a uma condição tolerável.

Da mesma forma que o conforto material, a procura do prazer físico, hedonista, tornou-se uma fixação da sociedade de consumo. Entretanto, quando o indivíduo procura obsessivamente essas sensações, ele desloca o eixo prazer-desagrado, de que nos fala Lorenz, diminuindo o estímulo do prazer e levando-o à busca de sensações cada vez mais "fortes". Para o filósofo grego Epicuro (341-270 a.C.), o prazer "puro" é o mais alto objetivo. Mas, para ele, isso significava "ausência de sofrimento" e "tranqüilidade da alma". O prazer como satisfação de um desejo não pode ser o objetivo da vida, porque ele é necessariamente acompanhado pelo desprazer, o que mantém o indivíduo afastado de seu verdadeiro ideal de ausência de sofrimento.

Com técnicas cada vez mais sofisticadas e dispondo de instrumentos cada vez mais poderosos, o ser humano começou a atingir, há um ou dois séculos, níveis inimagináveis de conforto material (e de busca do prazer). Com o acelerado processo de industrialização e de aumento da produção, a partir do final da Segunda Guerra Mundial, desenvolveu-se — principalmente entre os povos mais ricos — o que se poderia denominar **ideologia do conforto.** Os dados disponíveis sobre o aumento vertiginoso do consumo de bens e serviços, marcadamente nestes últimos 40 anos, ilustram bem esse perigoso caminho.

2. Explosão do Consumo

Entre o final da Segunda Guerra Mundial e os últimos anos da década de 1980, enquanto a população mundial apresentava um crescimento extraordinário de 120%, a produção global de bens conhecia um aumento ainda mais vertiginoso, de cerca de 400%. Isto deveu-se essencialmente à industrialização, que atingiu vários continentes, provocando um crescimento acelerado das cidades. As populações urbanas demandam um número muito mais elevado de bens e serviços do que as populações rurais.

O número de automóveis rodando no mundo aumentou, entre 1970 e 1990, de 250 para 580 milhões, enquanto apenas os caminhões dos países membros da Organização para a Cooperação e Desenvolvimento Econômico (OCDE), formada por duas dúzias de países, todos do Primeiro Mundo, elevaram de 666 milhões para 1,536 bilhão a quantidade de quilômetros rodados a cada ano. A produção mundial de motocicletas, que em 1985 era de 13 milhões de unidades (caindo para 11 milhões em 1986 e 1987), alcançou 20 milhões de veículos dez anos depois, um aumento de quase 18% em relação ao ano anterior (1994).

Nos 20 anos decorridos entre 1970 e 1990, o consumo de petróleo elevou-se de 17 para 24 bilhões de barris por ano, enquanto o de gás natural pulou de 31 para 70 trilhões de pés cúbicos. Mas o consumo de energia comercial no planeta, medido em toneladas de óleo equivalente (toe), deu um salto, entre 1950 e 1990, de 1.650 para 8.100 milhões de toe, um crescimento de 390% em apenas 40 anos. Podemos, contudo, considerar que esse crescimento conheceu, no mesmo período, uma taxa bem mais elevada, quando levamos em conta a variação no consumo de energia não comercial, como lenha, carvão vegetal, esterco e outras fontes largamente utilizadas pelas populações rurais dos países pobres.

O aumento da produção e da oferta de bens materiais, conseqüência natural da civilização industrial, favoreceu o surgimento de uma sociedade que faz a apologia do consumo. Em 1960, 1% dos lares americanos possuía TV a cores; em 1987, já eram 93%. No mesmo período, o uso do ar-refrigerado expandiu-se de 15% para 64%. No final da década de 1980, o norte-americano médio consumia 21 vezes mais plásticos, utilizava o automóvel 2,5 vezes mais e viajava de avião 25 vezes mais do que o fazia em 1950.

A explosão de vendas de televisores é um dos mais inequívocos indicadores do crescimento exponencial do consumo de bens no período pós-guerra. Em 1950, apenas quatro milhões de residências, no mundo, possuíam aparelhos de televisão. Em 1960, eram 93 milhões; em 1970, 244 milhões; em 1980, 450 milhões, e em 1990, 658 milhões. Em apenas quatro anos, entre 1990 e 1994, o número de domicílios com televisores — sendo que uma significativa parcela possuía mais de um aparelho — cresceu cerca de 35%, atingindo 886 milhões.

As economias industriais baseiam-se na utilização ampla de materiais e energia. O grau de desenvolvimento das nações é, em geral, medido pela quantidade de matérias-primas consumidas. O nível de consumo de bens aumentou vertiginosamente nos últimos 50 anos, mesmo quando se utiliza o indicador *per capita*, pois apesar de a população do planeta ter pouco mais que dobrado, o consumo de cimento quadruplicou, o de plástico quintuplicou, e o de alumínio multiplicou-se por nove. Já as viagens aéreas internacionais apresentam um estonteante crescimento, conforme a tabela a seguir.

Tabela 1
Tráfego Aéreo Comercial (Internacional)

Ano	Milhões de passageiros
1950	2
1960	42
1970	74
1980	163
1990	280

Fonte: Associação Internacional de Transporte Aéreo, 1993.

O número de passageiros de vôos domésticos dos Estados Unidos pulou de 17 milhões, em 1950, para 424 milhões, em 1990, um aumento de 25 vezes, ou 2.400%! O número de brasileiros que viajaram para o exterior cresceu de 179 mil, em 1970, para 950 mil, em 1985 (um aumento de 430%), sendo que, em 1995, essa quantidade alcançou 3,1 milhões de viajantes (1.630% a mais que em 1970).

Nos Estados Unidos, as vendas de carros da marca Jaguar aumentaram em 700%, entre 1978 e 1987. Somente ao longo da década de 1980, o número de milionários norte-americanos mais do que dobrou, de 600 mil para 1,5 milhão de indivíduos. Nesse mesmo intervalo de tempo, os fornos de microondas e os videocassetes já estavam presentes em 2/3 dos lares americanos.

Os norte-americanos gastam cerca de US$ 7,5 bilhões anuais somente para cuidar de seus gramados. (Além do enorme gasto de energia, os produtos químicos utilizados poluem os mananciais de água e a combustão dos cortadores de grama contribuem para a poluição do ar. O corte de grama significa também um problema de disposição de resíduos sólidos.) Uma prova de que a perigosa escalada do consumo ocorre em progressão geométrica é a revelação feita por Andrew Pollack em artigo no *New York Times* de julho de 1993, de que as famílias do hemisfério norte gastam cerca de US$ 9 bilhões por ano em *video-games* para seus filhos. Para efeitos de comparação, no período 1989-1991, a ajuda norte-americana de todos os tipos para o desenvolvimento de países estrangeiros foi de US$ 10,1 bilhões; a do Japão, US$ 9,7 bilhões.

A propósito dos danos provocados pela escalada do consumo nos Estados Unidos, Robert McNamara (*Discussion Papers Series*, 1991) escreveu: "[...] um dos principais fatores que nos levaram aos problemas econômicos e sociais que enfrentamos hoje em dia é que, como nação, estamos em meio a uma enorme orgia de consumo. Estamos vivendo além dos nossos meios, vendendo nossos ativos e tomando emprestado de forma intensa, tanto internamente quanto no exterior, para financiar a expansão sem precedentes dos nossos gastos domésticos". Infelizmente, não são apenas os americanos que enfrentam essa realidade.

No Japão e na Europa, o padrão de utilização de recursos naturais não fica atrás dos Estados Unidos, o campeão do consumo. O japonês de hoje consome, individualmente, 4 vezes mais alumínio, quase 5 vezes mais energia e 25 vezes mais aço do que usava o japonês de 1950. Além disso, possui 4 vezes mais automóveis e, ao longo da última década, as importações de automóveis BMW multiplicaram-se por dez. Os europeus, mais modestos no consumo de bens que os norte-americanos, ainda assim apresentam índices extraordinários de aumento de utilização de materiais. Desde a metade deste século, a Grã-Bretanha, a França e a Alemanha, em conjunto, praticamente dobraram o uso *per capita* de aço, mais do que dobraram o de cimento e alumínio e triplicaram o de papel.

A partir da década de 1970, diversas sociedades pobres iniciaram uma transição para um patamar muito mais elevado de consumo. Apesar dos acentuados desníveis sociais que ainda persistem nesses países, com enormes bolsões de miséria, o ritmo de consumo das classes mais abastadas nada fica a dever ao dos países mais ricos do mundo. Desde o final da década de 1980, países comunistas, como a China, com seu 1,25 bilhão de indivíduos (1996), caminham seguros atrás do padrão de consumo das sociedades ricas do Ocidente. De acordo com o Escritório Estatal de Estatísticas da China, somente entre 1982 e 1987, quando o crescimento econômico era bem inferior ao da década de 1990, a quantidade de televisões a cores nas residências urbanas chinesas subiu de 1% para 35%, ao passo que o número de máquinas de lavar quadruplicou de 16% para 67% e o de refrigeradores pulou de 1% para 20%.

A indústria automobilística chinesa tem crescido a mais de 15% ao ano. Em 1994, foram fabricados 1,4 milhão de automóveis no país, e o governo planeja aumentar essa produção para 3 milhões no ano 2000.

Uma das principais razões que determinaram a queda do socialismo nos países do Leste Europeu foi a pressão por maior consumo exercida pelas suas populações. Um jovem húngaro, numa demonstração do estado de espírito que dominava os seus conterrâneos, afirmou — na época — a um jornalista ocidental: "As pessoas no Ocidente pensam que nós, na Hungria, não sabemos como elas vivem. Bem, nós não apenas sabemos como elas vivem, como também queremos viver como elas." Quando as duas Alemanhas unificaram-se, um banqueiro alemão ocidental declarou: "Os alemães orientais querem carros, vídeos e Marlboros." Somente durante o primeiro semestre de 1990, os alemães orientais compraram 200 mil carros ocidentais usados, levando os fabricantes de automóveis a projetar, para a Europa Oriental, o maior número de novas fábricas a serem construídas no mundo.

A Ucrânia separou-se da União Soviética em 1991. No final de 1993, era considerada a nação cuja economia se desintegrava mais rapidamente no mundo. A situação econômica e social do país havia ultrapassado o limite do caos. A fome era uma realidade para boa parte das famílias ucranianas, e as pessoas não possuíam mais qualquer perspectiva de vida. Entre março e novembro de 1993, a moeda nacional havia sido desvalorizada em 1.150% com relação ao dólar norte-americano, e a produção industrial sofrera uma retração de 21% em um ano. No entanto, os únicos setores que conseguiram apresentar crescimento da produção foram os de automóvel, vodca e aspiradores de pó, seguindo a tendência mundial de aumento do consumo de bens supérfluos, fenômeno observável também em países com os piores indicadores sociais.

3. Sociedade do Desperdício

A competição industrial, tendo como elementos catalisadores a obsolescência programada e a propaganda que cria necessidades artificiais, gerou — como um de seus filhos mais feios — a sociedade do desperdício. O advento da era do descartável contribuiu muitíssimo para esse fenômeno. Saudado como um símbolo de modernidade, indicador de inequívoco progresso, o descartável é uma das principais causas do consumo crescente de matérias-primas e, conseqüentemente, do aumento da quantidade de lixo gerado.

Latas de conservas, refrigerantes e cervejas em latas de folha-de-flandres e principalmente de alumínio, bebidas e líquidos diversos em vasilhames de vidro não retornáveis, garrafas e copos de plástico, aparelhos de barbear, canetas esferográficas, isqueiros e uma infinidade de outros produtos têm vida útil extremamente efêmera. Todo o trabalho agregado, a energia consumida, os diversos materiais envolvidos (sem considerar os elementos indiretos, como transporte, comercialização etc.) são descartados, às vezes, em questão de segundos. No caso, por exemplo, dos copinhos de plástico, esse desperdício é patente. Um único indivíduo pode consumir de cinco a dez copinhos desses por dia! Tenha ele a necessidade de beber vários copos d'água seguidos, ou apenas um dedo de água, o copo terá o mesmo destino, isto é, a lata de lixo. Freqüentemente se utilizam dois copos de uma só vez, principalmente para café.

Nos Estados Unidos, descarta-se, a cada três meses, alumínio suficiente para recompor a frota aérea comercial norte-americana; entre 1970 e 1990, o uso de alumínio para a fabricação de latas de bebidas disparou de 72.700 para 1.251.900 toneladas (Meadows, 1993). Lá também são gastos, anualmente, 16 bilhões de fraldas descartáveis, 1,6 bilhão de canetas e 2 bilhões de barbeadores e lâminas de barbear. Apenas no mercado norte-americano, são comercializados 2,5 bilhões de pilhas todo ano.

Os americanos descartam, anualmente, dez milhões de microcomputadores, de acordo com o grupo Use Less Stuff (ULS). Muitos desses PCs estão sendo reciclados por uma empresa de São Francisco, para serem vendidos nas Filipinas. Reciclar é importante, mas é fundamental que se reduza esse enorme volume de desperdício, afirma o ULS.

Já no começo da década de 1970, na cidade de Hamburgo, Alemanha, era necessária uma produção suplementar de 300 milhões de garrafas por ano, em função do uso crescente de vasilhames sem retorno para cerveja e suco de frutas. Por isso, o serviço de limpeza da cidade teve de providenciar mais 58 mil recipientes de carga, com capacidade para 110 litros cada, a serem transportados em 23 novos caminhões de lixo, e contratou mais 149 funcionários (Liebmann, 1973). Tudo isso apenas para essa carga adicional de vasilhames.

Um dos maiores problemas de poluição marinha é o enorme — e crescente — volume de descartáveis, na sua imensa maioria feitos de plástico, encontrados virtualmente em todas as praias e costões de todos os continentes do planeta. Em um programa nacional de limpeza de praias realizado nos Estados Unidos em 1993, o Centro de Conservação Marinha (CMC) coletou mais de sete milhões de artigos de lixo. No Texas, os voluntários coletaram mais de uma tonelada de resíduos a cada milha (1.609 m) de limpeza e, em Connecticut, foram coletados 1.840 pontas de cigarros por milha. Os voluntários do CMC recolheram também mais de 40 mil balões de borracha, 25 mil caixas de plástico para o transporte de bebidas, 300 mil garrafas de plástico e vidro e 200 mil latas de bebida.

A Dinamarca já há vários anos reagiu contra a invasão dos descartáveis. Vendo muito mais longe que os demais países da Comunidade Econômica Européia, decidiu que todos os refrigerantes (em 1977) e cervejas (em 1981) produzidos internamente ou importados deveriam ser vendidos em garrafas retornáveis (que são enchidas novamente). A Dinamarca foi então levada, por outros países, à Corte de Justiça da Comunidade Européia, sob a acusação de restrições ao livre comércio. A Corte reconheceu, no entanto, o direito de os dinamarqueses recusarem a importação de bebidas em latas, por motivos ambientais. É interessante salientar que a Dinamarca é um dos melhores países do mundo no tratamento das questões sanitárias, ambientais e, conseqüentemente, sociais. Cem por cento da sua população têm acesso a água tratada e serviços sanitários; a reciclagem de lixo atingia, no início desta década, mais de 50% do total gerado; os resíduos tóxicos e perigosos têm tratamento adequado, como, por exemplo, os remédios, que são recolhidos e processados separadamente. Além disso, os dinamarqueses têm um dos menores índices *per capita* do planeta de emissão de gases que contribuem para o efeito estufa.

A produção e o consumo de bens e serviços obedecem a uma lei natural fundamental: a da conservação da matéria. Qualquer coisa que entre no sistema produtivo deve ser transformada em bens ou serviços úteis. As que entram no sistema de consumo devem sair como resíduos de materiais. Como a conversão de insumos em produtos úteis nunca é completa e como o consumo de bens normalmente produz resíduos, é dispensável lembrar que a atividade econômica, ao gerar subprodutos, causa impactos no meio ambiente.

Os dados sobre a geração de resíduos sólidos dos países membros da OCDE revelam que apenas o Japão e a Alemanha não apresentaram crescimento no total de lixo produzido entre 1980 e 1985. O líder do desperdício nesse período foi a Irlanda, com um aumento fantástico de produção de resíduos da ordem de 72%, seguido pela Espanha, com 32% (1978-1985), o Canadá, com 27%, a Noruega, com 16%, e Portugal, com 13%.

Apesar do grande aumento da reciclagem de resíduos sólidos que vem ocorrendo nos dois últimos decênios, um dos desafios mais graves que os centros urbanos enfrentam neste final de século é onde depositar, de forma conveniente, o lixo produzido pela sociedade de consumo. O maior aterro sanitário do mundo é o de Fresh Kills, da cidade de Nova York, que cobre 1.200 ha (12 milhões de metros quadrados) e que deverá estar repleto em 2001. Como é o único aterro da cidade, com o seu fechamento Nova York terá de exportar — para outros estados americanos — as cerca de 13 mil toneladas diárias de lixo produzidas atualmente.

O crescimento exponencial do consumo e do desperdício produz resultados tão espantosos que parecem ficção para a grande maioria das pessoas. Na Califórnia, cerca de 300 milhões de folhas de papel são preenchidas apenas nas cortes judiciais. Cada um dos seus 116 mil advogados usa uma média de uma tonelada de papel por ano, o que representa dois milhões de árvores. O papel responde por aproximadamente 35% dos 40 milhões de toneladas anuais de resíduos sólidos da Califórnia. Em novembro de 1993, o Conselho Judicial da Califórnia — atendendo a uma petição do Sierra Club Legal Defense Fund — impôs que, a partir de 1995, os documentos originais (as cópias, em 1996) fossem impressos em papel reciclado. O Conselho, no entanto, não ofereceu mecanismos para o cumprimento dessa norma e não atendeu à demanda de que as folhas fossem impressas dos dois lados, medidas adotadas anteriormente nas cortes dos estados do Colorado, da Flórida e de Montana.

Há ainda a questão dos resíduos agrícolas, que pelo montante causam grandes e sérios impactos sobre o meio ambiente. Muitas colheitas produzem um volume de resíduos bem maior do que os próprios produtos colhidos. Estima-se que o total mundial de resíduos da agricultura foi de 930 milhões de toneladas em 1970, e que, 20 anos depois, atingiu cerca de 1,5 bilhão de toneladas. Esses resíduos, quando descarregados no ambiente, envenenam o solo, causam a eutroficação de lagos, poluem rios e córregos, matam peixes, produzem odores desagradáveis e poluição atmosférica.

A maioria dos dados disponíveis sobre consumo e geração de resíduos é relativa aos Estados Unidos. É dispensável dizer que os americanos são os maiores consumidores de recursos naturais do globo. Em que pese o fato de os Estados Unidos não servirem de indicadores do nível de consumo dos habitantes do planeta, não devemos nos esquecer, contudo, de que, em todos os cantos do mundo, as pessoas aspiram à riqueza material dos países afluentes.

4. Ideologia do Conforto

Desenvolvida a partir de uma crescente oferta de bens materiais, a ideologia do conforto produz uma perniciosa competição pelo acúmulo de riqueza entre os habitantes das sociedades industriais, competição esta que apresenta características de neurose — definida como um processo que de tal modo dá margem à supervalorização de determinadas idéias, que estas terminam por dominar toda a personalidade de uma pessoa, reprimindo quaisquer outras das suas motivações.

> É natural que exista uma norma comportamental de que se deseje possuir algo; se esta norma comportamental tem alguma origem geneticamente programada, isso é incerto. Em nossa cultura existem, com certeza, retroalimentações positivas entre as motivações de competição e as motivações de posse. Parece que a posse de algo já adquirido desencadeia uma retroalimentação positiva sobre a necessidade de se acumular ainda mais riquezas. (Lorenz, 1986)

Uma ameaça à estabilidade da sociedade moderna é a gerada pela ambição de ascender na escala hierárquica social — ou simplesmente a ambição de poder —, combinada a uma cobiça material fora de medida, com características neuróticas. Isso gera um perigoso círculo vicioso: mais poder (ou prestígio social), maiores necessidades de poder, da mesma forma que a quantidade de objetos colecionados incrementa a necessidade de se aumentar ainda mais a coleção.

Possuir algo é a base do sentido de identidade para muitas pessoas. Elas identificam-se e confundem-se com os seus objetos de posse e, portanto, passam a ser o que possuem. Esse desejo de ter leva, freqüentemente, ao desejo de ter mais, de ter o máximo. A avidez é o resultado lógico do padrão comportamental de ter, ou possuir, em contraposição a ser. O escritor e psicanalista Erich Fromm (1976), no livro *Ter ou ser?*, referindo-se à avidez de possuir, sublinha que, "em contraste com as necessidades fisiológicas, como a fome, que tem um ponto definido de saciação pela fisiologia do corpo, a avidez mental — e toda avidez é mental, mesmo que satisfeita pelo corpo — não tem ponto de saciação, visto que não esgota o recipiente interno, o vazio, o tédio, sobrevindo a solidão e a depressão". Como o que se possui pode ser perdido de alguma forma, ambiciona-se ter cada vez mais, para proteger-se desse perigo.

Para o filósofo holandês B. Spinoza (1632-1677), tal como consta no texto *Ética*, "se a pessoa cobiçosa pensa apenas em dinheiro e posses e o ambicioso, apenas em fama, não se os julga insanos, mas apenas incômodos; em geral tem-se desprezo por eles. Mas, de fato, cobiça, ambição etc., são formas de insanidade, embora não se pense nessas coisas como 'doença'".

"A avareza [ambição] da espécie humana é insaciável", escreveu Aristóteles há 23 séculos. A corrida para obter-se um número cada vez maior de produtos diversos cria um perverso mecanismo que transforma um bem supérfluo em essencial. Há apenas 30 anos, os aparelhos de televisão estavam em um número reduzidíssimo de lares brasileiros, mesmo entre a classe média; hoje, o número de TV em cores ultrapassa até o de geladeiras, segundo o censo do Instituto Brasileiro de Geografia e Estatística (IBGE), de 1991. (Já no censo de 1980, o total de domicílios com televisão era 11,4% maior do que os que possuíam geladeiras.) Mesmo entre as classes mais pobres, a TV — com a sua enorme carga de propaganda — é um item obrigatório.

O automóvel — cujo aumento de produção no Brasil, nas últimas décadas, ultrapassou em muito o crescimento da nossa população — tornou-se um símbolo frívolo de *status*, seguindo uma tendência mundial. Dados do IBGE demonstram que, entre 1970 e 1980, por exemplo, enquanto a população brasileira aumentava em cerca de 30%, o número de domicílios que possuíam automóveis crescia em 260%, porcentagem superior ao crescimento do número de geladeiras, que foi de 176% no mesmo período, ou, ainda, do total de residências atendidas por rede de abastecimento de água, que cresceu 139% (IBGE, *Anuário estatístico do Brasil*). É bastante expressiva a quantidade de indivíduos que sacrificam coisas essenciais — como alimentação, moradia, educação e saúde — para comprar um veículo que lhes confira uma aura de bem-sucedidos.

John Kenneth Galbraith, em *A cultura do contentamento*, falanos da falta de visão de futuro que muitas vezes se constata entre aqueles que acumulam riquezas: "[...] é mais do que evidente que os afortunados e favorecidos não contemplam nem agem de acordo com o seu próprio bem-estar a longo prazo. Pelo contrário, tudo o que fazem está impetuosamente voltado para seu conforto e contentamento imediatos. Este é o estado de ânimo predominante". Além disso, a demanda crescente por *status* (poder) ou por prazer cria nas pessoas a necessidade de experimentar novos estímulos, porque os antigos já são fracos e monótonos depois de um certo tempo, levando-as à procura compulsiva de outros estímulos.

Nos países ricos e entre a classe média dos países do (ainda) denominado Terceiro Mundo, quantos admitem não possuir um (ou mais) automóvel, aparelho de som, ar-condicionado, *disco-laser*, videocassete, *walk-man*, telefone celular ou máquina fotográfica? Galbraith manifesta sua perplexidade face a esse comportamento. Acrescenta ele: "Podemos ficar pasmos com o fascínio exercido pelos artefatos de consumo e divertimentos freqüentemente frívolos e dispensáveis da nossa época, mas a sua sedução derradeiramente determinante não pode ser posta em dúvida."

O escritor russo Leon Tolstoi (1828-1910) escreveu, certa vez:

> [...] procure entre os homens, do mendigo ao milionário, aquele que esteja contente com suas posses e você não encontrará um em mil. Hoje nós devemos comprar um sobretudo e galochas, amanhã, um relógio com uma corrente, no dia seguinte deveremos instalar-nos em um apartamento com sofá e abajur de bronze; então nós deveremos ter tapetes e poltronas de ve-

ludo, mais tarde uma mansão, cavalos e carruagens, pinturas e decorações variadas.

Saindo-se bem, muitos desejam sair-se melhor. Tendo o suficiente, a maioria deseja ter mais. Sentindo-se confortáveis, muitos levantam objeções vigorosas àquilo que possa infringir o seu conforto. O desejo de possuir bens é proporcional à competição entre as pessoas em busca de *status*, quando a riqueza então se torna um fim em si mesma. O problema é que não há um padrão absoluto de riqueza, mas sim a comparação com o que os outros possuem. Isto se passa da seguinte forma: quanto mais rico for o meu vizinho, maior necessidade terei de ganhar dinheiro (e ostentá-lo), numa escalada penosa e doentia.

Sem dúvida, o que distingue os hábitos modernos de consumo dos do tempo de Tolstoi é que estamos mais ricos e dominamos hoje um conjunto de técnicas que nos possibilitam a fabricação, em tempo cada vez mais curto, de maior variedade de mercadorias. Mas, da mesma forma, não há como negar que determinadas forças no mundo contemporâneo potencializam descabidamente, como nunca visto anteriormente, os desejos de consumo dos indivíduos. É o que veremos adiante.

5. O Culto das Necessidades

Nas sociedades modernas, o grau de sucesso é medido pelo padrão de posse e consumo de bens materiais. É comum ouvirmos: "Fulano venceu na vida. Ele está rico." No capítulo 9 ("Asking How Much Is Enough") de *State of the World* (1991), lemos, à página 163: "Dados psicológicos de [pesquisas em] diversas nações confirmam que a satisfação derivada do dinheiro não se resume simplesmente em possuí-lo. É necessário ter mais dinheiro do que os outros e tê-lo mais este ano do que no ano anterior [...]."

A ambição desmedida de riqueza é uma característica do nosso tempo. Nas sociedades em que o dinheiro é um dos componentes predominantes dos valores culturais, riqueza significa destaque social, mesmo para o típico homem médio, o filisteu do filósofo alemão Schopenhauer (1788-1860), "incapaz de transcender a esfera utilitária [e materialista] da sua existência". Na verdade, o público em geral está de tal forma egoisticamente interessado em seus assuntos pessoais, em ganhar o máximo de dinheiro possível, que pouca atenção presta a tudo que ultrapassa o domínio do seu pequeno mundo.

No livro *O circo da ambição*, John Taylor conjetura sobre os mecanismos que impulsionam os homens a ganhar tanto dinheiro quanto possível e as maneiras de exibi-lo: "[...] aparentemente, gasta-se dinheiro para adquirir bens; o propósito real do ato de gastar, porém, é a exibição do poder de gastar. Em *A teoria da classe ociosa: um estudo econômico das instituições*, escreveu Thorstein Veblen, em 1899: 'a riqueza e o poder precisam ser postos em evidência, porque a auto-estima é conferida pelo testemunho alheio'". Taylor pergunta o porquê das atitudes avaras e mesquinhas tão freqüentes entre os muito ricos. Ele próprio responde:

> [...] as respostas não têm nada a ver com dinheiro, mas têm tudo a ver com a contradição central do poder: sua acumulação não traz segurança. Ao contrário, aumenta a insegurança — os ricos têm poucos amigos — e, dessa forma, inflama mais ainda o desejo de acumular mais poder e de exercer um controle sobre as outras pessoas e acontecimentos. Como escreveu Reinhold Nieburh: 'o desejo do poder é, portanto, uma indicação de insegurança [...]'

O indivíduo obsessivo pela riqueza torna-se duro, suspeitoso, defensivo e solitário, movido pela necessidade de ter sempre mais, a fim de sentir-se mais protegido.

A partir da década de 1970, a expansão do mercado financeiro e, portanto, as maiores possibilidades de se fazer dinheiro não-produtivo através de investimentos em certificados, ouro e outras aplicações, além de imóveis, proporcionou, mesmo às pessoas mais comuns, sem meios de adquirir prestígio em outros campos das atividades humanas, a oportunidade de obter vitória pessoal. "Tudo isso faz com que me sinta inteligente e com maior controle sobre a minha vida", declarou uma jovem mulher a um repórter da *Newsweek*, em 1984, quando perguntada sobre como se sentia por ter ganho, através dos investimentos de sua cooperativa, mais dinheiro em um ano do que em muitos anos de trabalho assalariado.

O célebre filósofo alemão Georg W. F. Hegel (1770-1831) escreveu que a condição primitiva da sociedade humana é a luta não apenas por recursos existentes, mas também por reconhecimento por parte de seu semelhante. O anseio por reconhecimento é insaciável, notadamente em uma sociedade ávida por riqueza e altamente competitiva. Não obstante o aumento da igualdade de direitos e da liberdade, toda sociedade produz injustiças, melindres de auto-estima e frustrações de todo tipo. Como a civilização material estimula expectativas crescentes nos cidadãos, a não satisfação dessas expectativas — e o conseqüente reconhecimento — gera uma série de problemas psicológicos e, na opinião de vários especialistas, influi negativamente na biologia humana. Sem dúvida, a frenética corrida pelo acúmulo de dinheiro tem causado sérios danos ao equilíbrio psíquico de um número cada vez maior de indivíduos na sociedade de consumo. A maioria de nossos contemporâneos só dá importância ao sucesso, isto é, àquilo que permite vencer os outros, na dolorosa obrigação de excedê-los.

A concorrência entre indivíduos da mesma espécie exerce, através da seleção, uma influência em seu desenvolvimento. Ao contrário da seleção produzida por fatores externos, do meio ambiente, a seleção intra-específica (entre indivíduos da mesma espécie) pode provocar modificações no patrimônio hereditário da espécie que ponham em risco a sua sobrevivência. Muitos cientistas consideram o ritmo de trabalho do homem moderno, na sua obrigação de ser um vitorioso, o produto mais perigoso da seleção intra-específica.

6. Conflitos entre Valores Tradicionais e Obsessão pela Riqueza

Historicamente, valores tais como amizade, realização profissional, integridade de caráter, espiritualidade, relações familiares e comunitárias sempre foram de extrema importância no seio da sociedade humana. Esses valores são amiúde sacrificados pela idéia fixa do enriquecimento. Muitos habitantes de países ricos sentem que o seu mundo de opulência é de alguma forma frívolo e que foram logrados por uma sociedade consumista. Eles estiveram inutilmente tentando satisfazer necessidades essencialmente sociais, espirituais e psicológicas com coisas materiais, gerando frustrações, comportamentos anti-sociais e infelicidade. O egoísmo produzido pela cultura da sociedade atual faz com que as pessoas valorizem muito mais o êxito pessoal — manifestado principalmente na exibição de riqueza — do que a responsabilidade social e ambiental. O comportamento econômico, a partir de uma certa fase da história do capitalismo, separou-se da ética e dos valores humanos.

A maioria dos dados psicológicos revela, no entanto, que os principais fatores de influência sobre a noção pessoal de felicidade não têm — de forma alguma — relação com o consumo. Entre esses fatores encontram-se a satisfação da vida em família, a satisfação no trabalho, o descanso (tempo livre) e a amizade; isso, naturalmente, para os indivíduos acima do nível de miséria. Independentemente da fé religiosa das pessoas, o senso de realização do ser humano tem a ver com virtudes tais como fidelidade aos seus princípios, decência, esperança, disciplina e caráter. "O próprio consumo tem participação pequena na camaradagem brincalhona que inspira os jovens, nas ligações de amor e amizade que unem os adultos e nas agradáveis memórias que sustentam a velhice", afirma Alan Durning (*in* Brown, 1991).

Horácio, o famoso poeta latino que viveu no século anterior ao nascimento de Cristo, criou a expressão *Aurea Mediocritas*, com a qual exaltava os benefícios de se viver com modéstia, eqüidistante da opulência e da pobreza. Religiões e filosofias diversas sempre pregaram a austeridade e a simplicidade como fundamentos necessários às culturas de diferentes povos do planeta. Por exemplo:

Grécia Antiga: "Nada em excesso" (inscrição no oráculo de Delfos).

Confucionismo: "Excesso e pobreza são igualmente uma falta" (Confúcio, XI.15).

Cristianismo: "É mais fácil um camelo passar pelo buraco de uma agulha do que um rico entrar no reino de Deus" (Mateus, 19:23-24); "Aquele que confia nas suas riquezas, cairá; mas os justos florescerão como as folhagens" (Antigo Testamento, provérbio 11:28); "Bem-aventurados vós, os pobres, porque vosso é o reino de Deus" (Lucas, 6:20); "Vinde agora, vós, ricos, chorai, uivando por causa das misérias que vos hão de sobrevir" (Tiago 5:1); "Não acumuleis para vós outros tesouros sobre a terra, onde a traça e a ferrugem corroem e onde os ladrões escavam e roubam; mas ajuntai para vós outros tesouros no céu, onde nem traça nem ferrugem corrói e onde ladrões nem escavam nem roubam; porque onde está o teu tesouro, aí estará também o teu coração" (Mateus, 6:19-21; Lucas, 12:33).

Judaísmo: "Não me dê pobreza nem riqueza" (Provérbio 30:8).

Taoísmo: "Aquele que sabe que tem o bastante é um homem rico" (Tao Te Ching).

Islamismo: "A pobreza [o despojamento] é o meu orgulho" (Muhammad).

Budismo: "Para aquele que supera, neste mundo, os seus ávidos desejos egoístas, as suas tristezas o abandonarão, da mesma forma que gotas d'água escorrem da flor de lótus" (Dhammapada, 336).

Na tradição budista, Buda é o herói que abandona todos os seus bens, sua nobreza, sua família, e segue para uma vida de desprendimento. Buda considerava a avidez, isto é, a ânsia por coisas e pelo próprio eu, como a causa do sofrimento humano.

Um dos principais temas do Velho Testamento proclama: "Deixa o que tens; liberta-te de todas as cadeias; sê!" No Novo Testamento, Jesus, o herói cristão, nada tem e — aos olhos do mundo — nada é, mas age pleno de amor para com todos os seres humanos. Os heróis espirituais não têm apego a bens materiais, como Hércules e Ulisses (heróis gregos), destemerosos dos riscos que os esperam. Abraão e Moisés, os heróis da tradição judaica, também se desapegam dos bens, à procura da verdade. Até os heróis dos contos de fada agem da mesma maneira: avançam e enfrentam a incerteza.

7. Superstição do Progresso

O ideal de todos os povos do mundo, a ser seguido a qualquer preço, é o da opulência material dos países europeus ocidentais, dos Estados Unidos, do Canadá e do Japão. Tomando-se como medida apenas parâmetros econômicos, dividiram-se os países entre desenvolvidos e em desenvolvimento (eufemismo para o velho termo subdesenvolvido). O escritor e pensador político mexicano Octavio Paz, Prêmio Nobel de Literatura (1990) e um dos mais eminentes intelectuais da atualidade, faz, a esse propósito, o seguinte comentário:

> [...] o adjetivo subdesenvolvido pertence à linguagem anêmica e castrada das Nações Unidas. [...] O vocábulo não tem nenhum significado preciso nos campos da antropologia e da história: não é um termo científico, mas um termo burocrático. Apesar de sua indefinição, de sua vacuidade intelectual — ou talvez por isso mesmo —, é uma palavra de predileção de economistas e sociólogos. Sob o amparo de sua ambigüidade deslizam duas pseudo-idéias, duas superstições igualmente nefastas. A primeira é dar como estabelecido que só existe uma civilização ou que as diferentes civilizações podem ser reduzidas a um modelo único, a civilização ocidental moderna; a outra é acreditar que as mudanças das sociedades e culturas são lineares, progressivas, e que, em conseqüência, podem ser medidas [...].

E continua:

> [...] com o pretexto de acabar com o nosso subdesenvolvimento, temos sido testemunhas, nas últimas décadas, de uma progressiva degradação de nosso estilo de vida e de nossa cultura. O sofrimento tem sido grande e as perdas mais reais que os ganhos. Não há no que digo nenhuma nostalgia obscurantista,

na realidade, os únicos obscurantistas são os que cultivam a superstição do progresso, custe o que custar [...] (*Os filhos do barro*, 1974).

As políticas econômicas e sociais dos países, em geral, direcionam-se para a promoção do aumento do consumo. Tais políticas favorecem a febre do consumismo, gerando uma dependência crescente de bens materiais, mas comumente mostrando-se ineficazes em promover a democratização do progresso material. Pelo contrário, as classes mais ricas do estrato social levam sempre vantagem nessa corrida pela posse de bens materiais. O governo dos Estados Unidos, por exemplo, permite deduções ilimitadas de impostos para a compra de imóveis residenciais. Quanto mais casas uma família comprar, mais impostos ela deixa de pagar. Por conseguinte, dez milhões de americanos possuem hoje duas ou mais residências, enquanto há centenas de milhares de sem-teto no país.

Governantes e economistas em geral aplaudem o aumento do consumo como um indicador da vitalidade de suas economias e da pujança de seus povos; priorizam a ampliação da produção de bens de consumo, sob o argumento da necessidade de se aumentar o Produto Nacional Bruto (PNB), em detrimento de uma política voltada para o verdadeiro bem-estar social. Aparentemente, esquecem-se de que o desenvolvimento deve ser, antes de tudo, qualitativo, e não meramente quantitativo. Por isso, adotam programas que provocam inequívocos danos ambientais e sociais a longo e médio prazos. Um exemplo contumaz do erro dessas políticas de crescimento econômico é o que estimula o uso de veículos individuais, em prejuízo do transporte de massa. O automóvel é visto pelas pessoas comuns como um símbolo de prestígio pessoal, e, pelos planejadores públicos, como um sinal de superioridade industrial e de progresso. Por conseguinte, patrocina-se a abertura de novas fábricas, aumenta-se a oferta de estacionamentos e abrem-se estradas pelos países afora. Criou-se, assim, uma sociedade — a industrial — baseada no carro particular. São óbvias as conseqüências dessa política: tráfegos cada vez mais lentos e neurotizantes, poluição atmosférica crescente, local e global, e um sistema de transporte dependente de uma fonte energética não renovável, o petróleo, cujas reservas conhecidas, segundos as previsões feitas tomando-se como base o nível de consumo de 1990, devem se esgotar em menos de 40 anos.

As políticas de desenvolvimento de um infindável número de países, quando moldam as atividades sociais e econômicas, comumente o fazem contra os princípios elementares de sustentabilidade. Subsídios e incentivos para a construção de novas estradas, para programas de irrigação, para a exportação de madeira a baixo custo e para a exploração em larga escala de matérias-primas que encontram um mercado depreciado são algumas amostras de numerosos programas públicos que resultam em prejuízos ambientais, com evidentes conseqüências socioeconômicas.

As teorias econômicas clássicas e suas aplicações sempre trataram os meios físicos e biológicos como fornecedores inesgotáveis de recursos, usados em benefício exclusivo do homem. Tais teorias nunca consideraram as limitações das reservas de matérias-primas e os danos causados pela sua exploração e por seu uso.

O sistema de contabilidade econômica, empregado mundialmente para o cálculo do Produto Interno Bruto (PIB), atribui um valor à depreciação das instalações e dos equipamentos e o subtrai do montante global de produtos e serviços. Mas não leva em conta a depreciação do capital natural, tais como a poluição dos mananciais de água doce, a destruição das florestas, a contaminação do ar, que afeta a saúde das pessoas nas grandes cidades, e a perda da camada superior do solo, rica em nutrientes. Como não refletem a realidade de todos os fatores de produção envolvidos e das reservas de recursos naturais, os cálculos de PIB freqüentemente superestimam o progresso e favorecem políticas econômicas ambientalmente nocivas.

Naturalmente, não são desconhecidas as enormes dificuldades de se atribuir valores monetários aos recursos naturais. A quantificação desses recursos e a avaliação da complexa inter-relação que eles mantêm com a economia são, sem dúvida, uma difícil tarefa. Mas, enquanto isso não ocorre, danos como, por exemplo, a perda de solo fértil assumem proporções tais que já afetam o cálculo tradicional do PIB, por suas conseqüências na produção agrícola. Nos últimos 20 anos, fazendeiros do mundo inteiro perderam aproximadamente 500 bilhões de toneladas de solo produtivo.

O uso crescente de mecanização e de produtos químicos na agricultura tem provocado redução na fertilidade do solo. Associado à destruição das florestas e outros tipos de cobertura vegetal, isso provoca mundialmente a perda irremediável de seis milhões de hectares anuais, transformados em desertos. O uso indevido da terra está associado à acentuada queda de produtividade em outros 21 milhões de hectares, cuja exploração não proporciona retorno econômico. Alguns países, contudo, já fazem uma avaliação dos custos econômicos da degradação do solo. No Canadá, um relatório do governo estima que a perda de solo orgânico custa aos agricultores cerca de US$ 1 bilhão anuais.

8. Forças que Estimulam o Consumo

Diversos fatores da atualidade — além de políticas governamentais inadequadas — desempenham papéis decisivos no estímulo à voracidade com que as pessoas compram mercadorias: a propaganda em escala crescente e a cultura do *shopping center* encontram-se entre as principais causas que levaram à massificação do consumo e que influem não apenas nas necessidades e anseios pessoais, mas também alteram as noções de autoconfiança e afirmação dos indivíduos.

A profunda necessidade humana de valorizar-se e ser respeitado pelos seus semelhantes manifesta-se, de forma crescente, através do consumo. A simples compra de bens seria uma prova de auto-estima e um meio de aceitação social. Esse aspecto psicossocial promove, em um círculo vicioso, uma competição publicitária cada vez mais acirrada, que estimula as pessoas a comprarem sempre mais. Como alguém já observou, comentando sobre a cultura do consumo, as pessoas gastam um dinheiro que não possuem, para comprar coisas de que não necessitam, para impressionar pessoas que não conhecem.

A publicidade tem sido uma das indústrias de crescimento mais rápido na última década. Os gastos com propaganda, nos Estados Unidos, cresceram de US$ 198 *per capita,* em 1950, para US$ 498, em 1989. Já o total global de despesas americanas em propaganda subiu dos estimados US$ 39 bilhões, em 1950, para US$ 237 bilhões, em 1988, crescendo mais rapidamente que a produção econômica. Somente ao longo da década de 1980, as contas de publicidade aumentaram cinco vezes na Índia. Na Coréia do Sul, a indústria da propaganda cresceu, no final dessa década, entre 35% e 40% ao ano.

Um analista norte-americano de mercado, Andrew Sullivan,

estima que um cidadão típico de seu país terá ouvido ou visto, diariamente, antes das nove horas da manhã, de 50 a 100 anúncios (*in* Brown, 1991). Como os jovens norte-americanos na faixa etária de 12 a 17 anos assistem — em média — a 22 horas semanais de televisão, eles expõem-se a três ou quatro horas por semana só de anúncios. Esses dados apresentam poucas variações nos países industrializados e assemelham-se, também, aos do topo do *ranking* dos países em desenvolvimento. No caso particular do Brasil, onde não há dados disponíveis, a exposição à propaganda é ainda maior, uma vez que a televisão brasileira tem intervalos comerciais mais longos que a TV americana. O jornalista e escritor Fernando Pedreira, em artigo publicado em um jornal carioca, refere-se à "nossa época televisiva e informativa", e observa que:

> [...] são duas forças castradoras do espírito que hoje andam de braços dados. Uma força de atração: o *marketing*, com sua promessa de fama e fortuna rápida para quem obedecer às suas leis. Outra, de esmagamento: a pressão da mídia e da moda com seus valores e sua urgência ensurdecedora e acachapante.

O também jornalista Roberto Pompeu de Toledo, referindo-se ao romance *1984*, do inglês George Orwell, afirma que o papel do Grande Irmão, que no romance era o Estado totalitário, é hoje exercido pela publicidade. Escreve Toledo:

> [...] não se consegue escapar dela. Na rua sucedem-se os *outdoors*, quando não os cartazes nos ônibus, os folhetos que se distribuem nas esquinas, as inscrições nas camisetas. Ligue-se a televisão. Se a propaganda se limitasse ao intervalo entre os programas, estaria conhecendo seu lugar e impondo-se limites. Mas ela está também no boné dos pilotos de automobilismo, nos produtos usados pelos personagens das novelas. Ligue-

> se o rádio para ouvir o noticiário. Mais do que na TV, os anúncios não se limitam ao intervalo entre um bloco de notícias e outro, eles se imiscuem no próprio corpo do programa. [...] O Grande Irmão não dá trégua.

A propaganda é veiculada por um número crescente de canais de rádio e televisão, em cinemas, estádios, roupas e equipamentos esportivos, em *outdoors*, revistas, jornais e circulações diversas, em faixas puxadas por aviões teco-tecos, camisetas, chapéus, chaveiros e objetos variados de uso individual. Além disso, a publicidade estendeu-se, nos últimos 20 anos, a áreas tradicionalmente livres dela, como o correio (mala direta), telefones públicos, aviões, táxis, ônibus, trens, paradas e estações de transporte coletivo, banheiros públicos e a uma infinidade de veículos que bombardeiam o cidadão, impondo-lhe gostos e modas. Poucos dão-se conta da falta de liberdade para escolher o que mais lhes convém, arrastados por modismos impostos por conglomerados industriais. A massificação do consumo, além de contribuir significativamente para a destruição de culturas locais, cria necessidades artificiais de consumo, obrigando os indivíduos a realizarem um grande esforço para se manterem *up-to-date*.

A publicidade comercial influencia estilos de vida e encoraja o consumo (e o sobreconsumo), espalhando entre as pessoas a insatisfação com o seu quinhão. Os defensores da publicidade argumentam que, numa economia de mercado livre, os consumidores adquirem precisamente aquilo de que necessitam, sem imposições. Esse argumento baseia-se na suposição de que os consumidores desejam tão-somente o que lhes é benéfico — premissa evidentemente falsa. Essa posição ignora que os desejos do consumidor são fabricados pelo produtor. Não obstante as marcas concorrentes, o efeito geral da publicidade é estimular a ânsia pelo consumo. Lembra Erich Fromm que todas as empresas auxiliamse mutuamente nessa influência básica, por meio da publicidade. O comprador exerce apenas secundariamente o duvidoso privilégio de escolher entre várias marcas concorrentes.

Konrad Lorenz chama a atenção para o fato de que a propaganda trabalha, atualmente, quase exclusivamente com uma técnica voltada apenas para a deflagração de sentimentos do consumidor, sem fazer esforço algum para transmitir-lhe um conhecimento racional sobre a estrutura ou sobre o funcionamento do produto anunciado.

Os publicitários perceberam que não faz sentido o uso de argumentos racionais, de dados objetivos, para atingir o público-alvo de uma campanha. "Não tem nenhum efeito tentar ensinar algo", afirma Lorenz, "a publicidade bem-sucedida é a que sabe manipular os instintos e as emoções humanas. É no subconsciente que se encontram as normas comportamentais programadas geneticamente, como o medo, a sexualidade, a necessidade de ordenamento etc., e estas são manipuladas impiedosamente através de todo tipo de armadilhas." Quase todas as emoções e sentimentos podem ser atingidos por técnicas publicitárias; mas, para que surtam efeito, é essencial que o consumidor não tenha consciência de que o que tem diante de si nada mais é do que um símbolo do seu desejo, e não a satisfação desse desejo. "O anúncio de um maiô ou de um creme de beleza", prossegue Lorenz, "parece prometer que a feliz adquirente terá a mesma aparência da bela modelo mostrada no anúncio." Os fabricantes de cosméticos vendem — segundo a declaração de um deles a Aldous Huxley — "não a lanolina, mas sim a esperança", e é pela esperança que os fabricantes cobram muito caro. O maior perigo desse gênero de propaganda reside no fato de que as pessoas tendem a perder a capacidade de raciocinar com independência e a se afastar da realidade das coisas.

Os métodos quase hipnóticos freqüentemente utilizados pela

propaganda causam danos ao pensamento crítico e à independência emocional. São métodos de lavagem cerebral, que usam métodos subliminares e artifícios, como a repetição constante de um anúncio ou o desvio do pensamento racional através do apelo ao desejo sexual. O bombardeio com métodos puramente sugestivos é alienante, quando não imbecilizante. Esse assalto à razão e ao senso de realidade por parte da publicidade persegue o indivíduo onde ele estiver e a qualquer hora do dia ou da noite.

É necessário que se discutam amplamente regras e limites mais rigorosos para a publicidade, como locais, horários, duração e formas. Felizmente, já há alguns sinais de reação, apesar de ainda bastante embrionários. Em 1990, o Action for Children Television, formado por um grupo de cidadãos de Boston, nos Estados Unidos, obteve uma importante vitória, ao conseguir que o Congresso norte-americano limitasse os comerciais de televisão dirigidos a crianças. Em Vancouver, Canadá, um professor de inglês do curso secundário fez com que seus alunos estudassem as técnicas de televisão e pudessem, assim, reconhecer os processos de manipulação dos sentimentos do telespectador.

Os centros comerciais (*shopping centers*) espalharam-se na paisagem comercial dos países desenvolvidos e de boa parte dos países em desenvolvimento. Os norte-americanos freqüentam os *shopping centers*, em média, uma vez por semana, mais do que vão à igreja ou à sinagoga, e gastam, fazendo compras, em geral seis horas semanais (Durning, 1991). Uma pesquisa levada a cabo em 1987 revela que mais de 90% das adolescentes norte-americanas elegeram "compras" como o seu passatempo favorito. Nesse mesmo ano, havia 32.563 *shopping centers* nos Estados Unidos, um número superior ao de escolas secundárias.

Apenas entre 1986 e 1989, o espaço destinado às vendas nesses centros comerciais aumentou em 20 milhões de metros quadrados, ou 20%. Os *shoppings* já são responsáveis por 55% do comércio a varejo nos Estados Unidos (contra 16% na França). Na Espanha, que possuía 90 centros comerciais na segunda metade da década de 1980, havia uma expectativa de que esse número triplicasse, já em 1992. Apesar de uma forte e tradicional comunidade de comerciantes que sempre dificultou a expansão de *shopping centers*, a Itália iria aumentar o número desses centros de 35 para 100, entre 1990 e 1995 (Durning, 1991).

Freqüentar *shoppings* tornou-se uma atividade cultural. Em outros tempos, os consumidores "iam às compras", com a finalidade de obter um ou dois produtos de que necessitavam. Atualmente, gastam horas e horas em centros comerciais, vendo vitrines, lanchando, brincando com os filhos, comparando preços, conversando, mas — principalmente — comprando mais do que precisam, pois um produto bem apresentado, a concorrência e a novidade (que em geral distingue o seu portador) exercem um apelo quase irresistível. Os *shoppings centers* agem como verdadeiros catalisadores do fenômeno consumista.

Os *shoppings* afastam os seus freqüentadores da vida real. Dentro deles, não existem relógios, luz natural; apenas um cenário de beleza, luxo e erotismo. Tudo estimula a ambição. O projeto arquitetônico é cuidadosamente desenvolvido para que o cidadão se submeta ao maior contato possível com as tentações do consumo. As escadas rolantes obrigam-no a passear pelo andar. Nos *shoppings*, assim como nos supermercados, metade das compras é feita por impulso. Nas lojas de departamentos e nos supermercados, para comprar o essencial, o consumidor é obrigado a passar por corredores apinhados de supérfluos, que lhe excitam a cobiça. Tudo pelo lucro...

As farmácias, por exemplo, tendem a esconder os remédios, substituindo-os por produtos de perfumaria. A armadilha é óbvia: as pessoas sabem o remédio que querem comprar, mas o consumidor compulsivo acaba adquirindo, além do remédio, um sabonete, uma vitamina ou um perfume de que não necessita. Especialistas afirmam que se cria uma atmosfera nos *shoppings* capaz de convencer os consumidores de que comprar é melhor do que qualquer outra coisa lá fora. É a compulsão pelo supérfluo.

PARTE II

Problemas Ambientais Globais

A expansão da exploração mineral, da produção econômica e das fronteiras agrícolas, combinada com o crescimento da população humana, provocou o surgimento de diversos desafios ambientais de caráter local, regional ou global, dentre os quais destacaremos os principais.

1. Mudanças Climáticas

A questão das alterações do clima terrestre, conseqüência do efeito estufa, é considerada, pela maioria dos especialistas, o mais sério entre os problemas ambientais. É também um dos mais polêmicos.

O efeito estufa é o fenômeno no qual gases diversos acumulados na atmosfera — produzidos por ações antrópicas — retêm o calor emanado pelo planeta, sob a forma de raios infravermelhos, impedindo-o de dissipar-se pelo espaço exterior. Com a retenção desse calor, que excede o gerado por fontes naturais, a temperatura média da atmosfera terrestre está elevando-se. Até esse ponto, há praticamente um consenso. Sobre o aumento da concentração desses gases, cientificamente comprovado, e suas influências sobre a temperatura da Terra também há poucas divergências.

As dúvidas e as diferenças de opinião tornam-se expressivas quando se discutem as conseqüências do aquecimento global. O grau, a extensão e os efeitos das mudanças climáticas decorrentes do efeito estufa são ainda motivo de muitas especulações por parte dos climatologistas, o que é compreensível, pois, afinal, esse é um fenômeno novo com o qual se defronta a humanidade.

Os principais gases que contribuem para o adensamento do cobertor de ar que envolve o planeta e suas fontes antropogênicas são:

- O CO_2 (gás carbônico), gerado pela queima de combustíveis fósseis (petróleo, carvão mineral, gás natural e turfa), pelo desmatamento, pelas queimadas de todo tipo e pela destruição do solo. Esse gás pode permanecer até algumas centenas de anos na atmosfera e é responsável por cerca de 50% do efeito estufa. O CO_2 é fundamental para a existência da vida no planeta; sem ele, a temperatura na Terra seria tão baixa (18°C negativos, em vez da média atual, de 15°C positivos) que a vida, tal qual a conhecemos, seria impossível. Mas, até a Revolução Industrial, a concentração de CO_2 na atmosfera era de 275 a 285 partes por milhão (ppm), tendo aumentado quase 30% desde então. Pelas medições do National Oceanic and Atmospheric Administration (NOAA) e do Scripps Institution of Oceanography, instituições norte-americanas, somente entre 1958 e 1990, a concentração de CO_2 aumentou (apenas com variações entre as estações do ano) de 315 ppm para mais de 355 ppm, a mais alta concentração nos últimos 160 mil anos. Esse índice continua a aumentar, ano a ano, tendo atingido quase 361 ppm, em 1995, e 363 ppm, em 1998. Dados colhidos a partir de bolhas de ar e eventuais materiais retidos em camadas antigas de gelo e em sedimentos oceânicos comprovam, ao longo do mesmo período, a inequívoca ligação entre o dióxido de carbono atmosférico e as temperaturas globais. Maiores concentrações de CO_2, temperaturas mais elevadas.

- O CH_4 (gás metano), componente primário do gás natural, também produzido por bactérias no aparelho digestivo do gado, aterros sanitários, plantações de arroz inundadas, mineração e queima de biomassa. Não obstante ter uma sobrevida na atmosfera de apenas sete a dez anos, o metano contribui com 15% a 20% do efeito estufa. Ele absorve de 20 a 30 vezes mais calor que o CO_2. Análises mais atualizadas estão chegando à conclusão de que a eficiência do metano, como gás estufa, parece ser maior do que a previamente estimada. A sua concentração (700 ppb) desde o período pré-industrial aumentou em quase 140%, atingindo 1.666 ppb, em 1994. A concentração de CH_4 subiu, em 1995, para 1.681ppb, mas decresceu para 1.670 ppb, em 1996, levantando a questão se a concentração desse gás não estará se estabilizando, ou se essa queda representará apenas uma anomalia de curto prazo.

- Os CFCs (clorofluorcarbonetos, freons), gases que reagem com o ozônio na estratosfera, decompondo-o e reduzindo, assim, o "escudo" que protege a vida na Terra dos nocivos raios ultravioleta, auxiliam também no aquecimento do nosso planeta. Alguns dos CFCs permanecem bem mais de 100 anos na alta atmosfera e sua capacidade de reter os raios infravermelhos é acima de dez mil vezes (16 mil, para alguns) superior ao do CO_2. Os clorofluorcarbonetos são utilizados em geladeiras, aparelhos de ar-condicionado, isolamento térmico e espumas, como propelentes de aerossóis; além disso, têm outros usos comerciais e industriais. São responsáveis por até 20% do efeito estufa. Trabalhos recentes (Ramaswamy *et al.*, 1992) sugerem, entretanto, que as propriedades que os CFCs têm de reter calor podem estar sendo compensadas pelo resfriamento estratosférico resultante do seu papel na destruição do ozônio. Ao longo das últimas duas décadas, um ligeiro resfriamento, de 0,3° a 0,5°C, foi medido na baixa estratosfera, onde a perda do O_3 é maior. Assim, a camada de ozônio dessa faixa está refletindo menos calor de volta para a Terra.

- O O_3 (ozônio) também contribui para reter o calor liberado pela Terra. Ele é formado na baixa atmosfera, sob estímulo do Sol, a partir de óxidos de nitrogênio e hidrocarbonetos produzidos por usinas termoelétricas, veículos, solventes e queimadas. Contribui com 8% para o aquecimento do globo terrestre.
- O N_2O (óxido nitroso), liberado por micróbios no solo (por um processo denominado nitrificação, que libera igualmente NO). Sua concentração aumentou drasticamente em função do uso de fertilizantes químicos, da queima de biomassa, do desmatamento e das emissões de combustíveis fósseis. Apresenta uma absorção de calor 200 vezes mais eficiente que o dióxido de carbono e participa com cerca de 6% do efeito estufa. Desde os tempos pré-Revolução Industrial, a sua concentração atmosférica elevou-se em mais de 10%, de 280 ppb até 309 ppb (1994).

O vapor d'água presente na atmosfera também absorve parte da radiação emanada pela Terra e é um dos maiores contribuintes para o aquecimento natural do globo. Apesar de não ser produzido em quantidade significativa por atividades antrópicas, considera-se que, com maior calor, haverá mais evaporação d'água e, por conseguinte, um aumento de sua participação no fenômeno do efeito estufa.

O relatório especial do Painel Intergovernamental sobre Mudanças Climáticas (IPCC), publicado no início de 1995, avalia o papel dos aerossóis (partículas sólidas ou líquidas dispersas na atmosfera) no efeito estufa. Os aerossóis liberados pela queima de combustíveis fósseis e de biomassa reduzem parcialmente a ação dos outros gases. Os aerossóis com base de enxofre (sulfato) produzem, contudo, acidez nos solos e nas águas. Na reunião do IPCC de novembro de 1995, em Madri, reconheceu-se, entretanto, a necessidade de mais estudos sobre os efeitos dos aerossóis, principalmente a longo prazo.

O desmatamento, entre outros danos, atua como uma das principais fontes produtoras dos gases do efeito estufa, notadamente o gás carbônico, mas libera também outros gases-traços ativos química ou radioativamente, como CO, CH_4, N_2O. As florestas tropicais — as que apresentam os mais altos índices de derrubada no mundo — contêm cerca de 40% do carbono vegetal do planeta, e seus solos retêm aproximadamente 15% do carbono existente no solo da Terra. Quando as florestas primárias são substituídas por pastos, por exemplo, a quantidade de carbono fixada na biomassa é reduzida em até 98%, de 271 para apenas seis toneladas de carbono por hectare.

Da mesma forma, quando se substituem florestas por campos agrícolas, uma enorme quantidade de CO_2 é lançada na atmosfera, pois as florestas contêm de 20 a 100 vezes mais carbono nos seus solos e vegetações por unidade de área do que os campos cultivados. Os solos de florestas que são cultivados perdem, em média, cerca de 25% do carbono orgânico. Da mesma forma, a exploração de madeira em florestas nativas contribui com altas taxas de CO_2. A procura de madeiras de alto valor comercial, que representam uma quantidade diminuta de espécies entre a enorme diversidade de árvores das florestas tropicais, provoca sempre a derrubada de um grande número de árvores inaproveitadas, que, no processo de decomposição, liberam carbono para a atmosfera. Ao contrário do que se poderia supor, a parcela de carbono vegetal que permanece estocada em estruturas de madeira como móveis, casas, esquadrias, dormentes e outras peças é inferior a 20% da massa original de carbono existente nas árvores, sendo o restante liberado para a atmosfera.

Desde que se iniciaram as medições regulares de temperaturas, em meados do século passado, a década de 1980 conheceu os seis anos mais quentes jamais registrados, superados por 1990, o mais quente de todos até então. Em decorrência da erupção do vulcão Pinatubo, nas Filipinas, em 1991, houve mesmo um ligeiro resfriamento do globo, entre esse ano e 1993. Com a dissipação da nuvem de poeira vulcânica lançada na atmosfera, contudo, o fenômeno de aquecimento retomou o seu caminho. Um informe das Nações Unidas de abril de 1996 revela que 1995 foi ainda mais quente que 1990, e 1997 superou os recordes de temperatura de 1995. Os sete primeiros meses de 1998 foram, mês a mês, os mais quentes já registrados. Entretanto, 1998 não terá sido apenas o de temperatura mais elevada, mas também o de aumento mais acentuado em relação ao ano anterior.

A temperatura do ar e das superfícies terrestre e marinha variam enormemente no tempo e no espaço, mas a média global mantém-se constante, com variações mínimas de poucas frações de grau centígrado. Através de cálculos cuidadosos, cientistas verificaram que a temperatura média terrestre elevou-se em 0,5°C desde o final do século XIX. Esse valor parece irrisório, mas na última Era Glacial, há cerca de 20 mil anos, a temperatura era tão-somente de 3° a 5°C abaixo do que é hoje (quando o nível de CO_2 era de somente 190 a 200 ppm). A flutuação natural da temperatura ao longo dos últimos dez mil anos tem sido de apenas 1°C (Azar e Rodhe, 1997; Glerck e Sassin, 1990).

A cada ano, registram-se recordes de altas de temperaturas médias e absolutas em diversas regiões do mundo. Em boa parte, essas temperaturas anormalmente elevadas ocorrem localmente, nas cidades maiores, fruto da acelerada ocupação urbana. São provavelmente os casos do Rio de Janeiro, que conheceu, em fevereiro de 1994, o mês mais quente de sua história (desde que se iniciaram os registros regulares), e de Paris, que — com os termômetros em torno dos 40°C em 21 de julho de 1995 — teve o dia mais quente deste século. (O calor, associado a um elevado nível de poluição atmosférica, levou um grande número de pessoas aos hospitais de Paris.) Certamente, esses recordes locais têm uma relevante contribuição nas mudanças do clima em escala global. A onda de calor do verão setentrional de 1995 atingiu não apenas países europeus, como a Alemanha (com 37°C), a Espanha, onde 12 pessoas morreram e 200 foram hospitalizadas, a Grécia e outros, mas também a Ásia, onde a China conheceu a pior onda de calor dos últimos 50 anos, com os termômetros alcançando 38,5°C. Mas os recordes de temperaturas elevadas têm ocorrido, quase ano após ano, nos Estados Unidos, onde — em diversos pontos do país — registraram-se temperaturas acima dos 40°C, provocando escassez de água e aumento da contaminação de doenças. Em conseqüência, até a última semana de julho de 1995, mais de 750 norte-americanos já haviam morrido. Entre o início de junho e meados de julho de 1998, uma forte onda de calor, com temperaturas em torno de 40°C, provocou a morte de 15 pessoas em Dallas, Texas, EUA, alarmando as autoridades sanitárias do país. Na segunda semana de agosto de 1998, mais de 90 pessoas morreram na Grécia e em Chipre devido ao calor extremo. No interior da França os termômetros chegaram a 40°C e em Paris, a 36°C. Na Índia, a temperatura atingiu 51°C, causando a morte de 3.000 pessoas.

Um estudo da Sociedade Americana para o Progresso da Ciência (AAAS) estimou, em 1988, que o dobro de concentração de CO_2 elevará a temperatura do globo entre 2° e 5°C. Alguns climatologistas calculam que, em meados do século vindouro, a concentração de gás carbônico será de 550 ou mesmo 600 ppm, caso se mantenha a atual taxa de produção de CO_2. Com o aumento da população mundial e o crescimento econômico baseado no uso intensivo de combustíveis fósseis, dificilmente poder-se-á evitar essa taxa prevista de concentração de CO_2. Um aumento médio na temperatura global de 5°C tornaria a Terra mais quente do que ela tem sido nos últimos 100 mil anos, pelo menos. Dados mais atuais — de novembro de 1995 —, emitidos por um grupo científico mundial formado pelo IPCC, pelo Programa das Nações Unidas para o Meio Ambiente (PNUMA) e pela Organização Meteorológica Mundial (OMM) confirmam que a concentração do CO_2 atmosférico deverá crescer a taxas constantes por mais dois séculos, atingindo 500 ppm no final do próximo século, ou seja, cerca de 80% a mais que o seu nível pré-industrial. Se, até então, as emissões não tiverem caído ao nível de 1990 (conforme já proposto), a concentração de CO_2 poderá estabilizar-se somente quando atingir 650 ppm.

Quais são as conseqüências, boas ou ruins, do aquecimento da Terra em mais alguns graus? Muitas pessoas se perguntam se, com mais calor e mais CO_2, a humanidade não se beneficiaria, pois as colheitas cresceriam mais rapidamente e em áreas mais amplas do que atualmente. Muitos modelos climáticos mostram que, em algumas regiões — norte da Escandinávia, Canadá e Sibéria, por exemplo —, haveria mais chuvas e a agricultura seria beneficiada. Mas a grande questão é saber que mudanças precisas ocorreriam nos padrões climáticos do planeta, de que forma elas atingiriam diferentes regiões e com que resultados. É fundamental ter em mente que quaisquer que sejam essas mudanças e suas conseqüências, elas serão incontroláveis, e muito pouco — se algo! — poderá ser feito pelo homem para modificá-las.

Entre os diversos danos resultantes do efeito estufa, o mais conhecido é o da elevação dos níveis dos oceanos. As enormes quantidades de gelo acumuladas nos continentes começarão a se derreter, juntamente com a expansão dos mares (em função do aquecimento da água), provocando uma inevitável subida do nível das marés. A maioria dos modelos climáticos prevê uma elevação dos mares entre 30 e 150 cm, em meados do século XXI, mas alguns cálculos ultrapassam essas medidas. A Agência de Proteção Ambiental dos Estados Unidos (EPA) estimou que os níveis dos mares poderiam subir até 220 cm (sete pés) até o ano 2100 (*Global Ecology Handbook*, 1991). Mesmo considerando-se que, desde a última Era Glacial, os oceanos elevaram-se em pelo menos 100 m, essa aparentemente pequena elevação poderá trazer efeitos desastrosos. Comunidades costeiras, produção de alimentos, abastecimento de água, recursos pesqueiros, indústrias de produtos florestais e sistemas ecológicos inteiros estarão sob risco, se o aquecimento global acelerar-se nas próximas décadas.

Pesquisas de campo realizadas nos Estados Unidos comprovam que uma subida de um centímetro no nível do mar causa uma erosão costeira que varia de 100 a 1.000 cm, conforme o ângulo de inclinação do plano litorâneo (Universidade de Maryland, 1991). Naturalmente esses resultados repetem-se na imensa maioria dos litorais do planeta.

Já se verifica a subida do nível das marés em diversos pontos do globo. Na baía de Chesapeake, na costa leste norte-americana, cerca de 30 ilhas desapareceram, tragadas pelas águas, nos últimos 30 anos. Estudos levados a cabo pela Universidade de Maryland, nessa região, concluem que, nos últimos cinco mil anos, o nível do mar subiu 33 cm a cada mil anos. Mas, apenas nos últimos cem anos, registros de marés revelam que os mares subiram 18 cm (cinco vezes mais rápido que nos cem anos anteriores), enquanto na baía de Chesapeake a elevação do mar foi de 30 cm. Em função da declividade média do plano litorâneo de Chesapeake, 30 cm de subida do nível da maré significam um recuo de terras de 1.600 m. Desde a década de 1970, os Estados Unidos gastaram mais de US$ 8 bilhões para recompor praias e evitar o avanço das águas sobre a zona costeira, onde vive mais da metade da população norte-americana.

O IPCC, normalmente muito cuidadoso em suas declarações,

concluiu — através do seu Grupo de Trabalho 1, reunido em Madri, com a participação de delegados de 96 países (novembro de 1995) — que, nos últimos cem anos, houve uma elevação do nível dos oceanos de 10 a 12,5 cm, e que isso ocorreu praticamente apenas em função do aumento de temperatura. (Houghton, 1996).

Já existem também dados disponíveis demonstrando a elevação do mar na costa brasileira, mais especificamente no Rio de Janeiro. Pesquisadores da Universidade Federal Fluminense (UFF) verificaram o avanço do mar sobre a orla do estado do Rio de Janeiro, particularmente na região de Itaipuaçu, em Maricá. Nos últimos 20 anos, as águas avançaram, em média, 40 m terra adentro. Segundo o geógrafo Claudio Martins, o fenômeno — denominado frente de erosão — provavelmente é mais amplo e pode afetar toda a costa do Brasil. Ele e o geólogo Antônio Veloso, do Instituto de Geociências da UFF, defendem a tese de que o fenômeno seria de natureza geológica, mas que estaria se acentuando por mudanças climáticas. Martins afirma que esse fenômeno está ocorrendo em quase toda a orla do estado, apenas com variações quanto à intensidade, e que também já foi observado na região Nordeste do Brasil (Mansur, 1994).

O professor da Coordenação dos Programas de Pós-graduação de Engenharia (COPPE) da Universidade Federal do Rio de Janeiro (UFRJ), Paulo Rosman, verificou um aumento da freqüência de ressacas na costa do Rio de Janeiro. De acordo com Rosman, é inegável que houve um recuo da linha das praias do estado. Estudos mostram que o nível médio do mar, no Rio, subiu 20 cm entre o final das décadas de 1960 e 1980. O professor não afirma que essa seja uma tendência irreversível, pois o mar já esteve mais alto durante a década de 1950, mas adverte que as águas podem subir cerca de 20 cm nos próximos 30 anos, e que essa elevação é suficiente para inviabilizar boa parte dos sistemas de drenagem e esgotos de cidades como o Rio e Recife (Mansur, 1994).

Pesquisadores do Instituto Oceanográfico da Universidade de São Paulo têm desenvolvido, nos últimos anos, trabalhos com séries de marés em lugares tão distantes como Belém (PA) e Cananéia (SP), Recife (PE) e Santos (SP). O número de fatores que influem nas medições — além da necessidade de dados que cubram intervalos maiores — dificulta uma conclusão definitiva sobre o comportamento dessas marés. Entretanto, os dados levantados até 1995 apontam para uma subida contínua do nível oceânico. Em Belém e Cananéia, a elevação tem sido de 0,4 cm/ano; em Santos, 0,1 cm/ano; e em Recife, 0,5 cm/ano (Harari e Pereira, 1995).

Flutuando lentamente, ao largo do mar da península Antártica, um monstruoso *iceberg* com 37 km de largura, 77 km de comprimento e 180 m de espessura visível assustou, no início de 1995, até os mais antigos estudiosos do pólo sul. O *iceberg*, do tamanho aproximado de Luxemburgo, é mais uma evidência das mudanças dramáticas que têm acontecido na península Antártica nos últimos tempos, confirmando um artigo, de 1978, da revista *Nature*, que recomendava que os cientistas procurassem no continente antártico as primeiras indicações do efeito estufa. A desintegração da prateleira de gelo Larsen — de onde se desgarrou o *megaberg* — é resultado das aceleradas mudanças no clima da Antártica. Ao longo dos últimos 50 anos, a temperatura média da península Antártica subiu 2,5°C (atingindo -3°C), um aumento muito maior do que em qualquer outro ponto do globo. Não apenas o gelo está derretendo, mas a vida vegetal está explodindo, comprovando o aquecimento do continente. Em alguns pontos, a vegetação aumentou sua densidade em 25 vezes.

Especula-se que, contrariamente ao que se pensava, o volume de gelo está aumentando no pólo sul (e também na Groenlândia). Com a elevação da temperatura na Antártica (onde se concentram 90% do gelo global), os *icebergs* (que não alteram o nível oceânico) estão derretendo. Segundo o glaciologista J. C. Simões, membro do Projeto Antártico Brasileiro, em algumas épocas do ano, a massa de gelo recua de aproximadamente 4,5 km para 1 km na península Antártica. Naturalmente isso tem provocado um aumento da umidade do ar e, em conseqüência, maior precipitação de neve no continente antártico. Assim, realmente está havendo um aumento de gelo no pólo (nos pontos onde a elevação de temperatura não é ainda suficiente para provocar derretimento). Contudo, caso a temperatura continue a subir — e no pólo sul tem subido muito mais do que no restante do globo —, chegará o momento em que o gelo continental (nas zonas de tensão térmica) começará também a derreter, liberando água para os oceanos.

Apesar do aumento de nevadas nas calotas polares, verifica-se, no entanto, que uma das mais fortes evidências do aquecimento atmosférico é o derretimento, nos últimos 30 anos, de geleiras fora da zona polar e a redução da cobertura de neve em diversas áreas. Dados do Inventário das Geleiras Mundiais, do PNUMA, indicam, de forma inequívoca, que a maioria das geleiras retraiu-se desde o começo do século. Glaciologistas estão particularmente alarmados diante da diminuição de massas de gelo em trechos da Ásia, África e América do Sul. Há casos assustadores, como a geleira do monte Kenya, onde nasce o rio Nilo, que se reduziu em 40%, apenas entre 1963 e 1987; a espessura média do gelo diminuiu em 14,5 m; uma taxa de derretimento muito maior do que a que foi registrada entre 1899 e 1963. Estudos paleoclimáticos com amostras de gelo dos Andes — no monte Quelccaya, no Peru — revelam que a atual redução do gelo é a mais dramática em mais de 500 anos. Uma das geleiras dessa montanha tem se reduzido à taxa de 14 m por ano, desde 1984, quase três vezes a taxa observada entre 1963 e 1988 (*World Resources* 1994-1995).

Uma elevação dos mares relativamente pequena contaminaria os reservatórios de água subterrânea com sal, inundaria estradas e edificações costeiras, causaria danos aos ecossistemas litorâneos e expulsaria milhões de pessoas de terras baixas. Calcula-se que 0,5 m a mais no nível do mar Mediterrâneo deslocaria 16% da população do Egito. Vários estados insulares e grandes trechos costeiros dos continentes desapareceriam sob as águas. Avalia-se que 1 m a mais nos oceanos transformaria mais de cem milhões de pessoas em refugiados ambientais. A elevação da temperatura da superfície dos oceanos aumentará, como já está aumentando, a freqüência e a severidade de furacões e outras tempestades tropicais.

O arroz, alimento básico dos povos asiáticos, cresce em deltas de rios e terras baixas inundadas. Uma elevação de 1 m dos mares causaria uma quebra substancial na produção desse cereal. Uma avaliação geral sugere que, à medida que a temperatura terrestre subir, em decorrência do efeito estufa, os climas locais tornar-se-ão mais e mais variáveis: mais quentes e secos em determinadas áreas e mais frios e úmidos em outras. Algumas regiões provavelmente estarão sujeitas a verões mais quentes e invernos mais frios. O interior de grandes massas de terra talvez venha a receber menos chuvas, fazendo com que os solos fiquem mais secos. Nas regiões temperadas, uma grande redução da cobertura de neve fará com que o Sol, durante a primavera, comece a secar a superfície do solo mais cedo, tornando-o seco demais para sustentar colheitas ao longo do verão. A combinação de temperaturas mais elevadas com menor umidade do solo levará a uma menor produção da agricultura. Secas devastadoras, como a de 1988, na América do Norte, ocorrerão mais freqüentemente, até que, por exemplo, os Great Plains norte-americanos — base agrícola do principal produtor mundial de alimentos — e outras regiões agrícolas importantes, como a Ucrânia, tornem-se semidesertas. Caso o gelo permanente que existe sob a tundra do Ártico seja derretido, as camadas profundas de turfa decompor-se-ão, e grandes volumes adicionais de dióxido de carbono e gás metano serão liberados, contribuindo ainda mais para o aquecimento terrestre.

Com as alterações no padrão climático mundial, as florestas sofrerão significativas mudanças nas suas composições florísticas, com prováveis perdas na sua diversidade genética, e a fauna terá que migrar — se isso for possível —, ou perecerá. No passado, organismos adaptaram-se a mudanças climáticas através de migração e evolução, em um processo lento e contínuo. Mas a rapidez do aquecimento previsto e as enormes barreiras impostas pela ocupação humana tornarão essa adaptação extremamente difícil. Espécies vegetais são sensíveis às variações de clima; muitas delas só sobrevivem numa faixa estreita de variações de temperatura e umidade. Estima-se que o aumento de 1°C poderá deslocar algumas zonas florestais por mais de 200 km, e as árvores que vivem nos limites mais quentes e secos de suas faixas estarão mais sujeitas a doenças e pragas. Além disso, é provável que as florestas não consigam migrar na velocidade requerida pela elevação térmica projetada.

Colheitas também são sensíveis a variações climáticas. Condições mais quentes e secas no interior dos Estados Unidos deverão afetar as produções de milho e trigo do Meio-Oeste americano. O efeito estufa irá exigir alterações de custo crescente nas práticas agrícolas. A conformação do sistema global de irrigação às novas condições deverá custar, *grosso modo*, US$ 200 bilhões. Espera-se que proliferem pestes de insetos, parasitas e outros organismos patogênicos em um ambiente mais quente. As perdas agrícolas deverão crescer, e os países de clima temperado poderão sofrer um influxo de doenças tropicais.

Espécies animais também terão de migrar para sobreviver e encontrarão obstáculos que não existiam nas mudanças climáticas anteriores. Assim, à medida que o aquecimento global tornar-se mais acentuado, os animais ficarão cada vez mais prisioneiros da civilização, "internados" em refúgios e áreas selvagens que não serão — nem de longe — seus hábitats ideais. Para preservar a vida animal, será necessário criar uma rede de corredores de migração, ou empreender grandes esforços de relocação de espécies. Ambas as soluções são de difícil e complexa implantação.

Já há sinais claros de mudanças profundas no clima de algumas regiões. O aquecimento recente tem sido maior, por exemplo, no inverno e na primavera das latitudes médias continentais, mas há umas poucas áreas de resfriamento, como o oceano Atlântico Norte. Também as chuvas têm aumentado nas altas latitudes do hemisfério norte, principalmente no inverno. A proporção de chuvas de fortes tempestades está crescendo nos Estados Unidos, e — segundo meteorologistas americanos — o aumento da freqüência de furacões e tornados no Atlântico Norte é uma tendência que poderá persistir ainda por um longo tempo. A estação de furacões na região tropical do Atlântico, em 1998, sob a ação do La Niña (cujos padrões climáticos e efeitos são praticamente inversos aos do El Niño), foi a mais severa dos últimos dois séculos. Em algumas áreas, o clima tem variado bem mais do que anteriormente, mas, em outras, bem menos.

As controvérsias sobre o aquecimento do planeta não são pequenas. Alguns pesquisadores argumentam que esse aparente aumento da temperatura global pode ser apenas um fenômeno temporário, que períodos de aquecimento natural já ocorreram anteriormente, sem intervenção humana, e de que não há, ainda, evidências de mudanças de longo prazo. Há, no entanto, cientistas que começam a convencer-se de que os efeitos do nosso astro rei sobre a Terra estão mudando. A partir de evidências astrofísicas, avalia-se que o Sol — em comparação com a atualidade — era de 25% a 30% menos brilhante há 3,5 bilhões de anos, quando o nosso planeta era muito jovem. Desde que a ciência moderna começou a estudar a radiação solar, esta pareceu ser absolutamente estável. Não parecia haver qualquer variação na constante solar, mas, na última década, conseguiu-se finalmente detectar alguma forma de mudança.

Desde a Antiguidade, observadores de civilizações diversas perceberam a existência de manchas no Sol. Mas foi somente em 1843 que um astrônomo amador alemão, Heinrich Schwabe, reconheceu que as manchas solares obedecem a um ciclo, que varia, contudo, em número e posição. O ciclo atual é de 11 anos. As manchas indicam grandes alterações na nossa estrela e afetam a energia total que o Sol envia para o espaço.

Em 1980, os norte-americanos lançaram o satélite Solar Maximum Mission (SMM), com o objetivo de registrar a produção solar no momento em que o número de manchas solares alcançasse o máximo dentro do seu ciclo de 11 anos. Essas manchas indicam mudanças na atividade magnética da estrela. Em 1985, o SMM revelou um real, embora muito ligeiro, declínio do brilho do Sol. Essa redução foi de apenas 0,1% aproximadamente, mas, para os físicos solares do projeto, como Richard Wilson, do Jet Propulsion Laboratory, foi surpreendente. Se há uma flutuação real, mesmo tão pequena, na produção de energia solar, a longo prazo poderão haver efeitos mensuráveis no clima do globo.

A relação entre as manchas solares e o clima do planeta é ainda um enigma. Não obstante as grandes incertezas, as ocorrências de manchas foram muito escassas, ou mesmo inexistentes, entre os séculos XVII e XVIII, e coincidiram com uma época especialmente fria, a chamada Pequena Idade do Gelo, que castigou a Europa entre 1600 e 1800. As evidências disponíveis para a ciência, contudo, não são ainda suficientes para uma avaliação definitiva.

Na tentativa de prever os efeitos sobre o clima terrestre provocados pelas intervenções do homem, cientistas criaram um programa que simula matematicamente os sistemas climáticos da Terra. Suas equações, denominadas Modelos de Circulação Geral (GCM) da atmosfera, são tão complexas que somente uns poucos dos atuais supercomputadores podem resolvê-las. Trabalhando com fatores como o balanço de radiação que penetra e sai do planeta, a circulação de ar, a evaporação, a precipitação pluviométrica, a cobertura de gelo e a temperatura da superfície do mar, as equações tentam avaliar as conseqüências das variações de importantes parâmetros, como o aumento deste ou daquele gás, ou se o Sol apresenta alguma variação na emissão. O grau de precisão dos resultados dos GCMs é função do tamanho das quadrículas em que é dividida a superfície do planeta, o número de camadas arbitradas para a atmosfera e os mares. A maioria dos modelos divide a superfície do globo em blocos com cinco graus de latitude por cinco graus de longitude. Os processamentos dessas equações são tão formidáveis que um supercomputador pode levar uma semana para determinar o efeito de uma simples mudança em algum dos dados.

Pela enorme variedade de fatores — de diferentes magnitudes e amplitudes — que intervêm no clima, as complexas e abrangentes equações dos GCMs da atmosfera, apesar de tudo, não reproduzem com precisão as variações climáticas. Persiste um sem-número de dúvidas sobre o mecanismo de muitos fenômenos naturais e as interações entre eles. A questão da ação das nuvens é uma delas. À medida que os mares e o ar aquecem, mais água evapora para a atmosfera, criando mais nuvens e um outro grande enigma para os matemáticos que montam os GCMs, pois não há ainda conhecimentos suficientes sobre os efeitos das nuvens sobre o clima global. "Nuvens são as persianas do planeta", afirma Stephen Schneider, do Centro Nacional de Pesquisa Atmosférica (NCAR) dos Estados Unidos. "Elas podem ser mesmo mais importantes que os oceanos ou os gases do efeito estufa como reguladores do calor recebido do Sol." Durante o dia, nuvens espessas baixas refletem a radiação solar de volta para o espaço, possuindo, assim, um efeito de resfriamento. À noite, elas retêm o calor irradiado da superfície e aquecem a atmosfera. Nuvens delgadas altas, como as cirros, podem atuar de forma diferente, contribuindo para o efeito estufa (Matthews, 1990).

A despeito das dificuldades e imprecisões dos modelos computacionais, os mais recentes dados sobre a elevação da temperatura terrestre e suas conseqüências no clima, ao longo das últimas duas décadas, têm confirmado as previsões extraídas desses programas. Esta é a conclusão do Grupo de Trabalho 1 do IPCC, que reuniu em Madri, em novembro de 1995, delegados de 96 países.

As incrivelmente complicadas interações da atmosfera, terra e oceanos levam muitos cientistas a acreditar que os padrões de clima local e regional jamais poderão ser previstos com acurácia além de uns poucos dias. A partir de insignificantes imprecisões nas avaliações de fenômenos meteorológicos, além de outros processos randômicos, erros e incertezas multiplicam-se. O famoso meteorologista da Universidade de Harvard, em Boston, Edward Lorenz, durante a reunião anual da Sociedade Americana para o Progresso da Ciência, em 1979, apresentou um trabalho cujo título sintetiza maravilhosamente a natureza randômica das previsões meteorológicas: *Previsibilidade: o bater de asas de uma borboleta no Brasil provoca um tornado no Texas?*

O debate sobre as alterações no clima planetário leva, inevitavelmente, à ponderação de que as causas dessas mudanças podem ser perfeitamente naturais, com pouca interferência humana. Afirma S. Schneider, do NCAR: "Eu concordo que o planeta tem ficado mais quente ao longo do século — mais rápido do que nunca, desde 1975, aproximadamente. O que eu não me apressaria em dizer é que isto é inteiramente debitável ao efeito estufa, embora ele esteja certamente lá. Variações naturais do clima podem também estar em ação, reforçando — ou, outras vezes, mascarando — o fenômeno. Nas décadas vindouras, alguns anos e algumas partes do mundo poderão ser mais frios, mas outros estarão muito mais quentes que o normal."

> Mas quaisquer que sejam as mudanças locais e temporárias do clima, o mundo não pode esperar pela prova do aquecimento [terrestre] antes de fazer algo sobre isso. Encontramo-nos envolvidos em uma enorme experiência, usando nossa Terra como laboratório, e a experiência é irreversível. O dia em que descobrirmos que o aquecimento da estufa *já prejudicou* a habilidade da Terra [em recuperar-se], será tarde demais para fazermos alguma coisa (Schneider *in* Matthews, 1990).

O El Niño (El Niño/Oscilação do Sul) é um fenômeno que se caracteriza pela presença de correntes de água quente nas águas normalmente frias do oceano Pacífico equatorial, ao largo do litoral do Equador e do Chile. Entre outros impactos, o El Niño provoca enormes perturbações no clima do planeta, não apenas na área de influência direta do Pacífico, como a Austrália, Indonésia e a costa oriental das Américas, mas também em locais tão distantes como a África e o nordeste e o sul do Brasil.

O El Niño é um fenômeno natural, ainda mal compreendido, cujas manifestações são anteriores às grandes interferências do ser humano na biosfera. Contudo, os aumentos da sua severidade e do seu tempo de duração apontam para a possibilidade de contribuição das atividades humanas ao fenômeno. O El Niño de 1982-83 provocou tempestades, furacões e secas, que causaram a morte de centenas de pessoas e bilhões de dólares de prejuízos em virtude, principalmente, de enchentes e quebras de safras agrícolas. O El Niño voltou a agir — em maior ou menor grau — em 1989, 1994 e 1997, cujos efeitos estenderam-se por 1998 e 1999 e foram, provavelmente, os mais rigorosos deste século.

O El Niño, apesar de ocorrer em uma estreita faixa do oceano Pacífico, deixa suas marcas em todo o planeta. Pode-se então imaginar quais não serão as conseqüências do efeito estufa, cuja elevação da temperatura ocorrerá em escala global.

As medidas necessárias para diminuir o ritmo de concentração dos gases do efeito estufa na atmosfera, incluem:

— Reduzir ao máximo o consumo de energia, principalmente a gerada por combustíveis fósseis.

— Aumentar a eficiência energética, com o desenvolvimento de máquinas, motores e equipamentos em geral que consumam menos combustível.

— Taxar os combustíveis fósseis, impondo, assim, uma procura maior de eficiência e uma economia de consumo. O superávit gerado poderá ser investido em ações, pesquisas e desenvolvimento de tecnologias que contribuam para minimizar os impactos do efeito estufa.

— Aumentar o uso de fontes de energia renováveis (eólica, hidráulica, biomassa que seja replantada, solar, geotérmica etc.) em substituição aos combustíveis fósseis. Apesar de seus riscos, a energia nuclear é uma opção. No futuro, poderemos obter energia a partir da fusão (e não fissão) dos núcleos de átomos.

— Reflorestamento maciço, que, além dos inúmeros benefícios ecológicos, econômicos e sociais, utiliza, através da fotossíntese, o CO_2 para o crescimento das árvores.

— Desenvolver técnicas para recuperação de parte do metano que sai para a atmosfera a partir de aterros sanitários, plantações inundadas etc. Esse gás é um poderoso combustível.

2. Camada de Ozônio

O ozônio (O_3), um poluente poderoso no nível do solo, forma, na estratosfera, um escudo protetor contra os raios ultravioleta do Sol, sem o qual a vida não seria possível na Terra. Com maior concentração entre 20 e 40 km de altitude, o ozônio forma uma camada muito fina e altamente instável. Sua concentração não ultrapassa dez partes por milhão. Contudo, essa tênue camada absorve eficientemente a nociva radiação ultravioleta (UV). Quanto mais curto o comprimento de onda UV, maior é o dano causado à vida — e maior é a capacidade da camada de ozônio de absorvê-la. A radiação UV de comprimento de onda relativamente curto, conhecida como UV-C, letal para os seres vivos, é quase totalmente eliminada. A radiação UV-B, de comprimento de onda maior que a da UV-C, é ainda bastante perigosa — e o ozônio absorve a maior parte dela. Já a radiação UV-A é relativamente inofensiva. A camada de ozônio permite que a maior parte dela atinja o globo.

Os raios ultravioleta são transformados em calor inofensivo pelo O_3, o qual é rompido em um átomo livre de oxigênio e uma molécula de O_2, o gás que respiramos. O_2 e O recombinam-se em um movimento contínuo, para formar novas moléculas de ozônio.

O UV-B, que tem atingido a superfície do globo em concentração crescente, quando em exposição prolongada, não apenas danifica o DNA (o material genético), como provoca câncer de pele, do qual é a causa principal, excluindo-se o melanoma. Mas novas evidências indicam cada vez mais o UV-B como causa de uma forma mais rara, mas muito virulenta, de câncer: o maligno melanoma cutâneo, que dobrou de freqüência em apenas duas décadas. O ultravioleta prejudica também o sistema imunológico, ampliando as possibilidades de as pessoas contraírem doenças, como as infecciosas que penetram no corpo através da pele — o herpes, por exemplo —, e as parasitárias. O UV provoca ainda catarata, mal que já cega 12 a 15 milhões de pessoas a cada ano e que danifica seriamente a visão de 18 a 30 milhões de outros indivíduos. A radiação está entre as causas dessa doença e talvez provoque ou exacerbe outros problemas de visão.

Estimativas sugerem que os malignos melanomas cutâneos matam, atualmente, cerca de seis mil pessoas por ano, apenas nos Estados Unidos. Os cânceres da forma não melanoma são responsáveis pelo mesmo número de óbitos, embora sejam 20 ou 30 vezes mais comuns. O UV mata, também, muitas formas benéficas de vida e pode afetar o ciclo vital de muitos vegetais, em terra e no mar. Dois terços de cerca de 300 colheitas e outras espécies de plantas testadas quanto à tolerância à luz ultravioleta mostraram-se sensíveis a ela. Entre os produtos agrícolas mais vulneráveis estão feijões, ervilhas, mostardas, couves, melões e outros. Mas o UV-B é responsável, da mesma forma, pela quebra de qualidade de certos tipos de tomates, batatas, beterrabas e sojas. Cerca de metade das mudas de árvores de coníferas — os pinheiros — revelou-se intolerante a essa radiação. Nos oceanos, a maior incidência desses raios é aparentemente prejudicial ao plâncton — base da cadeia alimentar marinha — e atinge larvas de crustáceos e peixes.

Estudos recentes sugerem que, ironicamente, a eliminação do ozônio na estratosfera provoca um aumento da sua concentração onde ele é menos desejado: na troposfera. Nos grandes conglomerados urbanos, principalmente, o ozônio é formado por reação fotoquímica e tem seus próprios efeitos sobre a saúde humana, irritando olhos e agravando crises asmáticas, entre outros.

O principal vilão da destruição da camada de ozônio é o clorofluorcarboneto (CFC), fabricado sob variadas formas. Inventado em 1928, mostrou-se muito útil à civilização industrial. Os CFCs são gases altamente estáveis, inertes, não inflamáveis, não venenosos e que não reagem com outras substâncias na natureza. São também baratos para produzir e fáceis de estocar. Com todas essas propriedades, impuseram-se como produto químico de grande potencial para o uso comercial. E assim aconteceu.

Inicialmente utilizado em frigoríficos (geladeiras), tornou-se o gás de aparelhos de ar-condicionado e, desde 1950, passou a ser usado como gás propelente em aerossóis. Com o surgimento da era da informática, o CFC mostrou a sua utilidade na limpeza de delicados circuitos e *chips* de computadores. A revolução da "alimentação rápida" (*fast food*) aproveitou o clorofluorcarboneto para tornar mais leves e baratos os copos de poliestireno, as embalagens de hambúrguer etc. É usado também na fabricação de isopor e espumas diversas, na construção civil, em assentos de automóveis e ainda possui outras aplicações. O CFC-11 e o CFC-12 (o mais comum) respondem por cerca de 70% dos danos à camada de ozônio. Já o CFC-113, usado apenas como solvente, é responsável por 12% do fenômeno.

Outros gases que contribuem para reduzir o ozônio estratosférico são: o Halon 1301 (à base de bromo, utilizado em extintores); o metil clorofórmio e o tetracloreto de carbono (usados como solventes). Esses gases respondem por cerca de 17% do fenômeno de destruição da camada de ozônio.

O gás clorofluorcarboneto, quando atinge a estratosfera, sob a ação dos próprios raios ultravioleta, libera o átomo de cloro (Cl), em uma reação catalítica. O Cl, então, desmonta a molécula de O_3, formando O_2 e ClO, o monóxido de cloro. Este também é desmontado, liberando o átomo de oxigênio (que não se recombina com o O_2 para formar novamente o O_3) e o átomo de cloro, que permanece intato para recomeçar a sua destruição. O Cl pode repetir essa operação cem mil vezes antes de ser completamente neutralizado. Esse processo fotoquímico foi explicado originalmente por dois cientistas da Universidade da Califórnia, em Berkeley, o professor Sherwood Rowland e o seu assistente, Mario Molina, quando investigavam, em 1973, a ação dos CFCs na atmosfera. Estudos atuais sugerem que o processo de destruição do ozônio é bem mais complexo, envolvendo uma seqüência de até 200 reações; mas a tese básica de ação dos CFCs sobre o O_3 permanece válida.

Na base de Halley Bay, na Antártica, realizam-se registros da concentração de ozônio desde 1957. Esses dados indicam que, em 1984, a camada de O_3 acima da estação era de apenas 60% da existente no final de década de 1950. Estudos desenvolvidos nos últimos anos demonstram um decréscimo médio de 30% a 40% na coluna total de O_3 na baixa estratosfera (entre 15 e 20 km), sobre a Antártica. Em 1987, o "buraco" atingiu seu pico, com a remoção de até 95% do ozônio em algumas altitudes (PNUMA, 1989). No hemisfério norte, houve uma redução da camada, entre 1969 e 1988, de 3,5% a 5%, entre as latitudes 30° e 64°N, mas esta redução atingiu também o pólo norte. Análises de dados levantados por satélite da Administração de Aeronáutica e Espaço (NASA) dos Estados Unidos revelam que o total de ozônio localizado entre as latitudes 65°N e 65°S tem se reduzido à taxa de 0,26% ao ano. Apesar das diversas teorias que têm sido elaboradas para explicar o extraordinário buraco (do tamanho do território norte-americano) na camada sobre a Antártica, as fortes evidências científicas apontam para os produtos químicos à base de cloro e bromo como os principais responsáveis. Em setembro de 1995, a OMM informou que a região de perda de O_3 sobre a Antártica, entre o final de julho e o início de setembro, media cerca de dez milhões de quilômetros quadrados, uma área equivalente à da Europa, representando o dobro do déficit de ozônio do mesmo período de 1994.

Como medida necessária, deve-se banir completamente o uso de CFCs (e dos outros gases), substituindo-os por novos compostos químicos (alguns já em uso). Deve-se, da mesma forma, recuperar os gases de aparelhos de ar-condicionado, geladeiras etc., postos fora de uso. Já existe tecnologia disponível para tanto. É importante, também, desenvolver novos gases substitutivos que não contribuam para o aquecimento global.

O mais importante passo para o banimento dos CFCs foi dado pelo Protocolo de Montreal sobre a Destruição da Camada de Ozônio, assinado naquela cidade canadense, em setembro de 1987. Dois acordos posteriores, que reforçaram significativamente o que foi acertado em Montreal, determinaram que a produção industrial de CFCs nos países desenvolvidos seria suspensa em 1996. Os países em desenvolvimento — que, à época, consumiam, em conjunto, não mais que 16% dos CFCs (PNUMA, 1989) — terão dez anos a mais para cumprir os termos do acordo.

Cento e sessenta e dois países ratificaram o protocolo original. O Protocolo de Montreal restringe também o uso de vários outros produtos químicos, inclusive os halons, os tetracloretos de carbono, os metilclorofórmios e os hidroclorofluorcarbonetos. Apesar dos enormes avanços no sentido de proteger a camada de ozônio, o mundo terá — durante ainda algumas décadas — uma concentração perigosa de raios ultravioleta atingindo a superfície terrestre, em função do volume de CFCs ainda existente.

Os acordos assinados para o banimento dos gases CFCs e outros é um sinal animador de que poderá estar se iniciando uma nova era de entendimentos diplomáticos em torno das questões ambientais. No que se refere à proteção da camada de ozônio, se todas as nações cumprirem à risca o Protocolo de Montreal, ela começará a se recuperar pelo fim desta década e — de acordo com estimativas atuais — estará completamente refeita entre os anos 2040 e 2050.

3. Biodiversidade

A biosfera é o conjunto de organismos vivos que habitam uma estreita faixa do planeta e da atmosfera com possibilidades de sustentar a vida. Todos esses organismos combinados representam tão-somente cerca de uma parte em dez bilhões da massa terrestre. O maravilhoso mistério da vida permitiu, no entanto, que, com tão pouca matéria física, se desenvolvessem milhões de espécies.

A variedade de genes, espécies e ecossistemas, resultado de centenas de milhões de anos de evolução, favoreceu o surgimento de nossa espécie, uma das mais recentes a ocupar o globo. Nem mesmo o número aproximado de espécies diferentes que habitam a Terra é conhecido. As estimativas variam de cinco a várias dezenas de milhões (alguns pesquisadores avaliam em até 80 milhões). Contudo, o número mais provável deve situar-se entre os 10 e os 20 milhões de espécies. Por enquanto, foram descritas apenas 1,82 milhão, das quais cerca de 250 mil são plantas, 1 milhão são insetos, 4 mil são mamíferos e 9 mil são aves.

As evidências indicam que as atividades humanas estão levando a uma extinção em massa da diversidade biológica do planeta, antes mesmo que umas poucas unidades percentuais do total de espécies sejam pelo menos descritas. O que dizer, então, da perda dessa enorme fonte de recursos naturais que certamente contribuiria para melhorar a qualidade de vida da humanidade? Infelizmente, com o projetado aumento tanto da população terrestre como das atividades econômicas, é certo que a taxa de eliminação da biodiversidade deverá acelerar-se.

A quantidade de espécies ameaçadas de extinção inclui, no mínimo, 5.400 animais e 26 mil plantas. Se algo não for feito para reverter a atual tendência, de 5% a 20% de alguns grupos específicos de vegetais e animais estarão, em futuro próximo, ameaçados de serem extintos da face do planeta. Esta é a conclusão, baseada em dados de 1994, da Avaliação da Biodiversidade Global (GBA), um relatório de 1.140 páginas, financiado pelo PNUMA e pelo Global Environment Facility (GEF), divulgado em novembro de 1995 e produzido com a colaboração de mais de 1.500 cientistas e especialistas. O relatório conclui que há um impulso acelerado de extinções. De 1810 até 1994, o número conhecido de espécies extintas de mamíferos e aves — 112 no total — superou em quase três vezes o que se perdeu entre 1600 e 1810 — 38 espécies.

A GBA adverte ainda que, por causa da conversão ou da perda de hábitats já ocorridas no mundo, dezenas de milhares de espécies caminham para a extinção, sem possibilidades de ação preventiva. Mesmo que outras espécies ameaçadas não sejam eliminadas, muitas delas perderão populações distintas ou sofrerão severos danos no potencial de variabilidade genética, pelo colapso ou pela perda de hábitat.

A biodiversidade é útil por diversas razões. A coleta, na natureza, representou a primeira forma de utilização de seres vivos, como a colheita de plantas e frutos, o abate de árvores, a caça e a pesca, fosse para fornecer alimentação, vestimenta, habitações, medicamentos e todo tipo de objetos, fosse para o nosso agrado, simplesmente. A domesticação representou uma etapa essencial, que levou o homem a modelar geneticamente as espécies domésticas. Depois que o homem ultrapassou a fase nômade — de caçador-coletor — e tornou-se sedentário, desenvolvendo a agricultura (há cerca de dez mil anos), os ecossistemas foram, da mesma forma, profundamente alterados.

A manipulação de caracteres genéticos de diversas formas de seres vivos permitiu o surgimento de variedades mais produtivas. As formas selvagens aparentadas às formas domésticas são um importante banco de recursos genéticos para a melhoria dessas espécies. Na verdade, com a engenharia genética, toda espécie viva torna-se uma fonte potencial de genes.

O valor ecológico da biodiversidade é incomensurável. Ela tem um papel fundamental no funcionamento dos ecossistemas, nos quais se desenvolvem os processos essenciais à vida humana, na regulação do ciclo da água, na proteção contra a erosão, na manutenção da qualidade do solo, na polinização de culturas, na reciclagem de dejetos e como barreira contra catástrofes naturais. Os ecossistemas são fontes de alimentos, fibras, energia, madeiras, medicamentos, produtos industriais, genes para melhorar as variedades de cultura etc. Os processos dos ecossistemas dominam os ciclos globais de oxigênio, carbono, nitrogênio, fósforo e enxofre, elementos essenciais à vida.

Com as destacadas exceções dos minerais e dos derivados petroquímicos, virtualmente todas as matérias-primas utilizadas pelo homem são de origem biológica, sejam do setor florestal, dos oceanos ou da agropecuária.

O valor recreativo da biodiversidade manifesta-se pela enorme procura de belas paisagens e locais ermos, onde as pessoas possam se divertir, repousar, estudar etc. A crescente indústria do turismo, notadamente o ecológico, é uma prova disso. A visão de um belo e rico ambiente natural tem enorme importância psicológica, transmitindo tranqüilidade e equilíbrio emocional às pessoas.

Há também outra justificativa fundamental para conservarmos a diversidade de espécies que conosco dividem o planeta: a questão ética. Todas as formas vivas são produto de milhões de anos de adaptação aos seus ambientes naturais. Teremos nós, então, o direito de eliminá-las em poucos anos ou décadas? Extinção é para sempre. Não há recurso tecnológico capaz de recriar artificialmente uma espécie eliminada. O antropocentrismo não reconhece, para os demais seres vivos, o mesmo direito que os humanos têm de habitar a Terra. Além das danosas conseqüências para a vida do homem, a extinção de espécies é igualmente condenável, moral e filosoficamente. Stephen Jay Gould (1993) enfatiza que "estamos tentando preservar populações e certos ambientes, porque o conforto e a decência presentes em nossas vidas, bem como nas vidas das espécies que conosco compartilham o planeta, dependem dessa estabilidade".

Essa diversidade biológica, entretanto, encontra-se em um processo acelerado de erosão. Ao longo da história da vida na Terra, ocorreram diversas extinções em massa, anteriores ao advento da nossa espécie. Talvez tenham desaparecido 99% das espécies que surgiram em diferentes eras do tempo geológico do nosso planeta. Esse alto índice é resultado de processos naturais de extinção, sem nenhuma (ou pouquíssima) interferência humana. A atual redução dessa diversidade, na opinião de Edward O. Wilson, famoso entomólogo e professor de Ciência da Universidade de Harvard, parece seguir o caminho das grandes catástrofes naturais do final das eras paleozóica (cerca de 225 milhões de anos atrás) e mesozóica (65 milhões de anos). O ritmo de extinção é o mais severo dos últimos 65 milhões de anos, quando os dinossauros foram varridos da face do globo. Mas a taxa de eliminação de espécies desde então — no período de maior riqueza de vida — foi da ordem de apenas uma espécie por ano, aproximadamente. Atualmente, apesar de as estimativas variarem bastante, todas elas apontam para uma redução de poucas a muitas dezenas de milhares de formas de seres vivos por ano.

Baseados nos registros fósseis, a paleontologia estima o tempo médio de vida das espécies em quatro milhões de anos, aproximadamente. Peter Raven, diretor do Jardim Botânico de Missouri, Estados Unidos, faz a seguinte avaliação: "Se a quantidade de espécies existentes for de cerca de dez milhões, o ritmo histórico de extinção pode ser calculado como de quatro espécies por ano" (Raven, 1994). "Numa estimativa modesta" — prossegue Raven —, "nós agora devemos provavelmente estar perdendo em torno de 50 mil espécies por ano. Presumivelmente, a taxa vai aumentar com o passar dos anos." E. Wilson resume a questão: "Estamos claramente no meio de um dos espasmos de grandes extinções da história geológica."

Nas cinco extinções maciças de espécies ocorridas anteriormente, a maioria das plantas sobreviveu, não obstante a diversidade animal ter sido drasticamente reduzida. Essa base florística permitiu o desenvolvimento de novas espécies animais, mas — pela primeira vez — a diversidade vegetal está declinando rapidamente.

David Burney, professor da universidade norte-americana de Fordham, em artigo publicado na revista *American Scientist* (1993), revela dados interessantes da pesquisa que vem realizando ao longo de mais de uma década sobre extinções animais recentes. Ele chama a atenção para o fato de que a maioria dos ecossistemas foi perturbada pelo homem, não em recentes séculos ou décadas, mas há milhares de anos. Segundo Burney, os fósseis demonstram que as faunas nativas da maior parte do mundo contemporâneo são apenas fragmentos empobrecidos do que existiu no passado. As biotas de ilhas, principalmente, foram as que mais sofreram, sendo substituídas por maciça ocupação de espécies exóticas. Ele alerta os ambientalistas para reagirem prontamente ao fatalismo conformista dos que afirmam ser a extinção um fenômeno natural. A maioria das extinções em milênios recentes difere fundamentalmente das extinções primitivas, uma vez que é extinção sem substituição, pelo menos na escala humana de tempo.

As causas dessa erosão biológica atual são numerosas. As sociedades modernas demandam cada vez mais espaço, seja para a ampliação da agropecuária, seja para cidades, núcleos industriais, estradas, marinas, campos de golfe ou aeroportos. A conseqüência inevitável é a eliminação de ecossistemas que abrigam essa variedade de espécies. Assim, o desmatamento é a primeira causa. Um relatório da Organização das Nações Unidas para a Alimentação e Agricultura (FAO), divulgado na segunda sessão preparatória da Rio-92, revela que, entre 1980 e 1990, as florestas tropicais foram eliminadas à taxa de 16,8 milhões de hectares por ano (PNUMA, 1992). Assim, apenas na última década, 168 milhões de hectares, ou 1,68 milhão de quilômetros quadrados de florestas tropicais — equivalentes a três vezes o território francês —, foram desmatados para outros usos.

Somente na América Latina e no Caribe, cerca de dois milhões de quilômetros quadrados de florestas foram destruídos nos últimos 30 anos (José Lizárraga, 1992). O Brasil, apenas em 1990, perdeu cerca de 35 mil quilômetros quadrados de florestas, segundo a FAO. O consumo atual de madeira para todos os fins, no Brasil, é estimado em mais de 280 milhões de metros cúbicos ao ano, dos quais somente 75 milhões (pouco mais de 25%) são de florestas plantadas. O restante vem das florestas nativas. Mais de 80% da madeira é queimada diretamente como combustível ou transformada em carvão (Sociedade Brasileira de Silvicultura, 1993).

O Instituto Nacional de Pesquisas Espaciais (INPE) revelou — no seu informativo de janeiro/fevereiro de 1998 — que a cobertura vegetal destruída na Amazônia totalizava, até 1996, 517.069 km^2 (quase 13% da floresta original), uma superfície equivalente à da França (o maior país da Europa Ocidental) ou à soma das áreas do Equador e Suriname.

TAXA MÉDIA DE DESFLORESTAMENTO (km²/ano)

ESTADO	78/88*	88/99	89/90	90/91	91/92	92/94**	94/95	95/96
Acre	620	540	550	380	400	482	1.208	433
Amapá	60	130	250	410	36	-	9	-
Amazonas	1.510	1.180	520	980	799	370	2.114	1.023
Maranhão	2.450	1.420	1.100	670	1.135	372	1.745	1.061
Mato Grosso	5.140	5.960	4.020	2.840	4.674	6.220	10.391	6.543
Pará	6.990	5.750	4.890	3.780	3.787	4.284	7.845	6.135
Rondônia	2.340	1.430	1.670	1.110	2.265	2.595	4.730	2.432
Roraima	290	630	150	420	281	240	220	214
Tocantins	1.650	730	580	440	409	333	797	320
Amazônia Legal	21.130	17.860	13.810	11.130	13.786	14.896	29.059	18.161

*Média da década
**Biênio 92/94

Fonte: Instituto Nacional de Pesquisas Espaciais — INPE (1998)

As florestas tropicais primárias remanescentes no mundo compreendiam, em 1986, menos de nove milhões de quilômetros quadrados, bem menos que os 15 milhões originais (Myers *in* Wilson, 1988). Menos de 5% das florestas tropicais são parques e reservas, obviamente insuficientes para a conservação *in situ* da biodiversidade. Não são apenas as florestas tropicais úmidas que estão sendo destruídas de forma vertiginosa. Florestas tropicais secas podem ter perdido uma área ainda maior. Desde 1700, as terras para agricultura cresceram globalmente cinco vezes e, desde 1800, as plantações irrigadas cresceram aproximadamente 24 vezes. Áreas litorâneas e de baixadas, terras alagadas (brejos etc.), campos nativos e muitos tipos de florestas e bosques têm sido especialmente afetados ou destruídos. Por exemplo, a floresta tropical seca da costa do Pacífico da América Central cobria, inicialmente, 500 mil quilômetros quadrados. Hoje em dia, menos de 2% dessa floresta permanece intata.

As florestas russas da Sibéria, abrigo para uma flora e fauna únicas, como o notável tigre siberiano, que se encontra extremamente ameaçado, estão sendo destruídas em escala assustadora. Com a abertura comercial, após a dissolução da União Soviética, os russos — ávidos por divisas estrangeiras — franquearam suas florestas às madeireiras, principalmente coreanas e japonesas. *Joint-ventures* de russos com empresas estrangeiras estão explorando de forma predatória as florestas siberianas, uma das últimas regiões razoavelmente intocadas no mundo. O desmatamento produzido por uma *joint-venture* com a coreana Hyundai Corp é de proporções tais que pode ser visto do espaço exterior (Linden, 1995).

Os Estados Unidos perderam 54% de suas terras alagadas; a Tailândia perdeu mais de 50% de seus manguezais; a floresta Atlântica do Brasil, originalmente com um milhão de quilômetros quadrados, foi reduzida a menos de 10% dessa área. A Amazônia, de acordo com dados de 1995, do Instituto Nacional de Pesquisas Espaciais (INPE), já apresenta 12% de sua área desmatada. Essa substitução da floresta virgem amazônica por campos (pastos etc.) é responsável por uma redução de 25% na precipitação pluviométrica local, segundo alguns cálculos.

Do total de 600 mil quilômetros quadrados de barreiras de corais existentes no mundo, cerca de 10% já sofreram erosão além do ponto de recuperação afetados — entre outras causas — por poluição marinha, sedimentação e pesca excessiva. Os impactos humanos tendem a reduzir o tamanho de muitas populações biológicas, aumentando muito os riscos de que populações sejam eliminadas localmente e, principalmente, levando à extinção de algumas espécies, segundo o relatório da GBA.

A degradação e a fragmentação de áreas florestadas remanescentes, não classificadas como desmatamento, são uma ameaça adicional à diversidade de plantas e animais, tanto em regiões tropicais como em temperadas. Evidências da África e do Brasil sugerem que a área de florestas degradadas e fragmentadas deve ser muito maior do que a área desmatada. O relatório diz que a área florestada nos países industrializados, ao contrário, cresceu ligeiramente ao longo da década de 1980. A FAO revela, ainda, que não houve, no período, um crescimento expressivo de florestas gerenciadas de maneira sustentável. A Organização Internacional de Madeiras Tropicais (ITTO) denunciou, em 1989, que um índice inferior a 0,1% da exploração de madeiras tropicais estava sendo realizado de forma sustentável.

As florestas tropicais estão entre os mais frágeis ecossistemas do planeta. Seus solos, cujos nutrientes localizam-se — na sua maioria — em uma estreita camada superficial, são freqüentemente lavados por chuvas fortes, criando verdadeiros desertos úmidos. No geral, 2/3 da área dessas florestas são formados por solos com coloração avermelhada ou amarelada, tipicamente ácidos e pobres em nutrientes. Altas concentrações de ferro e alumínio formam compostos insolúveis com fósforo, decrescendo, assim, a sua oferta para as plantas. Cálcio e potássio são lixiviados (carreados pela água) rapidamente depois que seus compostos são dissolvidos no solo pela chuva. Tão-somente 0,1% dos nutrientes penetra além de cinco centímetros da camada superficial do terreno.

A agricultura intensiva tende a simplificar ao extremo os ecossistemas que formam os campos naturais. A globalização da economia espalha modelos de produção e consumo que repousam sobre um número muito reduzido de espécies vivas. O desenvolvimento de vegetais de crescimento rápido, resistentes às pragas conhecidas e de alto valor comercial leva-nos à perigosa situação em que apenas 19 espécies vegetais respondem por mais de 80% dos gêneros alimentícios do mundo, sendo que milho, trigo e arroz representam 65%. No total, não mais que uma centena de plantas é consumida pela humanidade. No curso da história, o homem usou aproximadamente sete mil espécies de plantas como alimento. Devem existir, pelo menos, 75 mil plantas comestíveis na Terra (Wilson, 1988). A civilização humana, no entanto, é cada vez mais dependente de um reduzidíssimo número de espécies, o que a torna excessivamente vulnerável. Mudanças no clima ou novas pragas podem eliminar a base alimentar da humanidade.

O número de pragas resistentes a pesticidas cresce assustadoramente. Pestes agrícolas resistentes já eram conhecidas no início do século, quando não chegavam a cinco, mas passaram por um aumento acelerado a partir de 1950, coincidindo com o uso generalizado dos defensivos agrícolas. Em 1980, mais de 400 artrópodes já tinham desenvolvido resistências à maioria dos produtos químicos, somados a mais de uma centena de organismos patogênicos de plantas. Além disso, um certo número de espécies de ervas daninhas tornou-se resistente aos herbicidas. Em meados da década de 1990, o total de pestes resistentes aos pesticidas comuns ultrapassavam a 900.

Mais de 60% dos povos do mundo dependem diretamente das plantas para os seus remédios. Na China, mais de 5 mil das estimadas 30 mil espécies de plantas são usadas com propósitos medicinais e representam, hoje em dia, 40% dos remédios. (Em Sri Lanka, essa taxa chega a 80%.) A grande maioria dos remédios desenvolvidos no Ocidente é baseada em substâncias naturais produzidas por organismos. Nos Estados Unidos, por exemplo, elas tiveram um papel fundamental na síntese dos 20 produtos farmacêuticos mais vendidos em 1988. São relativamente poucas, no entanto, as espécies já inteiramente pesquisadas, quando se considera que há cerca de 250 mil espécies de plantas reconhecidas. O relatório da GBA revela que cerca de 80% dos 150 remédios mais consumidos nos Estados Unidos, em 1993, são compostos sintéticos ou semi-sintéticos derivados de produtos naturais, ou, em menor percentagem, produtos totalmente naturais.

Um exemplo de particular interesse para os brasileiros é o caso do pau-brasil (*Caesalpinia echinata*). Essa árvore, símbolo das riquezas e origem do nome do nosso país, foi vítima de uma exploração predatória que quase a levou à extinção em ambientes naturais. Além de ser madeira de elevada qualidade, o pau-brasil tem se revelado eficiente no combate a tumores cancerígenos. Há ainda referências ao pau-brasil como adstringente, corroborante e secante (Camarotti e Souza *in* Cavalcante de Lima, 1992).

Há duas vertentes de conservação da biodiversidade: proteger espécies individuais e proteger os hábitats onde elas vivem. A primeira inclui a conservação *ex situ*, isto é, proteger populações animais e vegetais em zoológicos e bancos de sementes. Seu maior inconveniente é a interferência nos processos naturais de seleção e adaptação das espécies. A segunda, apesar de ser a ideal, pois preserva o ambiente natural em todas as suas condições, é de realização extremamente mais difícil, pois as áreas protegidas são insuficientes e boa parte delas vive sob intensa pressão social. Assim, uma reduzida porcentagem de espécies ameaçadas seria efetivamente conservada. Ambas as soluções devem ser adotadas.

Entre as medidas necessárias, em linhas gerais, para a preservação da diversidade biológica do globo, destacam-se as seguintes:

— Aumentar a quantidade de áreas protegidas em número e extensão, dando ênfase aos biomas e ecossistemas mais ameaçados.

— Restaurar os ecossistemas. Criar corredores ecológicos.

— Incrementar, em todos os níveis, a pesquisa científica dos ambientes naturais, envolvendo um maior número de disciplinas.

— Impor uma legislação mais severa para a proteção da

biodiversidade, reforçando os instrumentos de fiscalização. Estabelecer tratados regionais com outras nações, com o objetivo de reforçar a conservação.

— Envolver, através de empregos e educação, os povos locais no trabalho de conservação.

— Monitorar as mudanças que estão ocorrendo na biodiversidade, de modo a adotar as medidas corretas para a sua conservação e exploração sustentada.

4. Crescimento Populacional

Este é um dos assuntos que mais intensamente mexe com as emoções das pessoas, atiçando preconceitos e trazendo à tona dogmas religiosos e ideológicos. Qualquer que seja a nossa posição, faz-se necessário, inicialmente, conhecer os fatos que marcam a dinâmica da população humana.

Em cerca de 99% da existência do gênero humano, avaliada em pelo menos três milhões de anos (desde os primeiros hominídeos), ou até o advento da agricultura, em torno do ano 8000 a.C., a população terrestre não ultrapassava — provavelmente — dez milhões de indivíduos. Na época em que viveu Jesus Cristo, existiam cerca de 250 milhões de pessoas. Este número levou aproximadamente 1.500 anos para dobrar. Voltou a dobrar em pouco mais de 300 anos, alcançando um bilhão, nos primeiros anos de 1800. Dobrou outra vez em apenas um século e um quarto, chegando a dois bilhões pouco antes de 1930. O terceiro bilhão foi acrescentado em menos de 35 anos, em 1960. Já o quarto bilhão levou apenas 14 anos para somar-se aos outros. De 1974 a 1987, tão-somente em 13 anos, a Terra engordou em mais outro bilhão de seres humanos. O sexto, o sétimo e o oitavo bilhões serão alcançados em intervalos de cerca de 12 anos.

Em 1950, já somávamos 2,5 bilhões de indivíduos. Apenas 37 anos depois, dobrávamos outra vez. Isso significa um crescimento populacional de quase 1,9% ao ano, enquanto nos primeiros 50 anos do século a taxa era de 0,8%. Atualmente, o número de habitantes da Terra é de seis bilhões (1999). O planeta provavelmente abriga, no momento, mais gente do que o total acumulado desde o início da Era Cristã! Esses valores indicam uma explosão demográfica, não obstante um discreto declínio nos índices de reprodução humana nos últimos anos.

Apesar da queda da taxa de crescimento, o número de indivíduos que a cada ano se soma ao *quantum* demográfico do planeta continua crescendo (80 milhões ou mais, anualmente). Isso se explica pelo fato de que essa taxa, apesar de declinante, incide sobre uma base que se expande continuamente. O montante anual de aumento, portanto, levará ainda muitos anos para estabilizar-se e, posteriormente, decrescer lentamente. O índice de crescimento absoluto da população global tem aumentado ano a ano desde o final da Segunda Grande Guerra.

Além disso, a população mundial, notadamente a dos países em desenvolvimento, é muito jovem. Quase 40% dos povos desses países têm menos de 15 anos e estão entrando na fase de vida mais fértil, do ponto de vista reprodutivo. Em 1971, por exemplo, com uma população de 3,6 bilhões e uma taxa de crescimento de 2,1%, o mundo recebeu 76 milhões de novos habitantes. Em 1991, com uma taxa de 1,7% (1/4 menor que a de 1971), mas com uma população de 5,3 bilhões, o mundo teve o seu *quantum* populacional acrescido em cerca de 90 milhões de habitantes.

Por tudo isso, de acordo com as projeções da ONU, a população global deverá atingir de 8,5 a 10 bilhões em 30 anos e, caso a taxa de substituição do casal — ou seja, dois filhos — não seja alcançada até meados do século XXI, só será estabilizada em torno do ano 2100, quando tiver alcançado a assombrosa cifra de 14,2 bilhões de almas.

Conforme as medidas adotadas e os fenômenos naturais que porventura intervenham nos índices de crescimento demográfico, as diversas avaliações apontam para a estabilização da população entre 8 e 14 bilhões. Entretanto, atingiremos — com certeza — um montante superior a 6 bilhões no ano 2000.

Cerca de 95% do aumento projetado para 2025 ocorrerá no Terceiro Mundo. Dos 5,5 bilhões de humanos que existiam no início de 1994, os países em desenvolvimento abrigavam 4,3 bilhões, ou 78%. Em 2025, eles possuirão cerca de 84% da população global. Entre os países ricos, os Estados Unidos serão responsáveis pela maior parte do aumento populacional.

Poderia o mundo sustentar uma população de dez bilhões em meados do próximo século sem causar danos irreversíveis ao meio ambiente? Poderemos manter uma população 1,5 a 2,5 vezes maior que a atual sem comprometer o futuro das gerações seguintes? A resposta provável é não. A sobrevivência de uma população não está ligada — de uma forma simplista — apenas à disponibilidade de alimentos, supondo-se que seja possível alimentar a todos. A densidade ótima é função da qualidade do espaço vital, e não de calorias alimentares. Uma enorme porcentagem da população atual ressente-se de falta de água potável, moradia, educação, assistência médica e empregos. Mesmo supondo-se que a produção alimentar possa resolver a questão da fome crônica, uma população de oito a dez bilhões iria pressionar ainda mais o suprimento de matérias-primas que atendem às outras necessidades humanas, comprometendo recursos naturais que são fundamentais para a agricultura, como a água, a oferta de solos férteis, o clima etc.

Além do mais, o crescimento acentuado da oferta de alimentos nas últimas décadas, conseqüência da revolução verde, já começa a apresentar sinais de pane. A produção de grãos, principais componentes da dieta humana, expandiu-se a 3% ao ano entre 1950 e 1984, quando a produção *per capita* atingiu o pico de 342 kg, cerca de 40% superior a de 1950. A partir de então, essa taxa sofreu uma queda brusca, com a produção aumentando em torno de 1% anualmente, alcançando pouco mais da metade da taxa de crescimento populacional. De fato, entre 1984 e 1997, a produção de grãos *per capita* caiu 6%. Em 1995, a produção de 301 kg de grãos *per capita* foi a menor desde 1974, mas em 1997 alcançou 322 kg *per capita* (igual à de 1979).

Por outro lado, a produção mundial de pescado marinho, que conheceu um crescimento ainda mais fantástico — média de 4% ao ano entre 1950 e 1989, dobrando o montante *per capita* —, apresentou um declínio de 6% de pescado por pessoa entre 1989 e 1996, um intervalo de somente quatro anos. Entre 1980 e 1989, o aumento global na produção de pescado foi de apenas 2,3% anuais. Em 1990, a FAO registrou o primeiro declínio nessa produção, de cerca de 3%, ou seja, de 86,4 milhões de toneladas, em 1989, para 82,8 milhões de toneladas, em 1990. Mas em 1996 a captura mundial de peixes alcançou 93 milhões, devido principalmente a um maior esforço de produção e a novas tecnologias. O fenômeno El Niño, iniciado em 1997, provocou uma significativa redução no volume de pescado, principalmente no oceano Pacífico.

Em função do elevado índice de produção de pescado, a maioria das espécies encontra-se superexplorada, forçando a captura de peixes de menor valor. Os estoques das oito espécies mais valiosas — entre elas o bacalhau, o atum e o hadoque — encontram-se em franco declínio. Mudanças na abundância e na composição das espécies podem causar malefícios para a saúde dos ecossistemas marinhos e para as economias pesqueiras.

As reservas de grãos no mundo chegaram — no início de 1996

— ao seu nível mais baixo desde a Segunda Guerra Mundial. Ao referir-se ao assunto, na 20ª Conferência das Nações Unidas para a Agricultura e a Alimentação, realizada em Tel Aviv, em maio daquele ano, o diretor-geral da FAO, Jacques Diouf, denunciou ainda que cerca de 800 milhões de pessoas em todo o planeta estão cronicamente subalimentadas e que aproximadamente 200 milhões de crianças abaixo de cinco anos são atingidas por doenças causadas por insuficiência protéica e calórica.

Problemas como erosão e compactação do solo, poluição do ar, redução dos aqüíferos, perda de matéria orgânica do solo, inundação e salinização de terras irrigadas, exploração excessiva dos recursos pesqueiros e poluição dos mares têm contribuído para a desaceleração da taxa de crescimento da produção alimentar. Com a melhoria do sistema mundial de distribuição de comida, a fome e a subnutrição tornaram-se mais dispersas e menos visíveis (exceto na África). Uma das últimas avaliações das Nações Unidas indica, no entanto, o número de subnutridos em torno de um bilhão de pessoas, praticamente um em cada cinco habitantes deste planeta. Alcançar o equilíbrio entre a disponibilidade de alimentos e o número de pessoas depende mais, atualmente, de planejamento familiar do que da agricultura.

Estima-se que, pela virada do milênio, o mundo precisará, no mínimo, de 600 milhões de novos empregos, de professores e escolas para 300 milhões de crianças a mais e de serviços adicionais de planejamento familiar para 400 milhões de mulheres. Em nenhuma época da história humana houve mais refugiados (não apenas sociais, mas também ambientais), em nenhuma época houve mais pessoas insatisfeitas com suas vidas nos seus países de origem — seja na antiga URSS, na Ásia ou na América Latina — do que atualmente. E o adensamento populacional é a principal razão. Uma significativa parcela dessas pessoas migra para novos lugares quando surge uma possibilidade, causando problemas sociais, econômicos e políticos para os países escolhidos como eldorados.

Em outubro de 1993, realizou-se em Nova Deli, Índia, uma reunião chamada Cúpula da Ciência sobre População Mundial, que contou com a participação de 58 academias de ciências do mundo. Os cientistas expressaram uma crescente inquietação com a expansão da população do planeta e concluíram que, se os atuais prognósticos de crescimento demográfico forem confirmados e se os padrões das atividades humanas permanecerem inalterados, a ciência e a tecnologia não poderão evitar a degradação irreversível do meio ambiente natural e a renitente pobreza de boa parte do mundo. A declaração final, assinada por representantes das 58 academias, reflete a permanente preocupação com os problemas interligados de acelerado crescimento populacional, desperdício de recursos, degradação ambiental e pobreza.

Antecipando-se à Conferência Internacional das Nações Unidas sobre População e Desenvolvimento — realizada no Cairo, em setembro de 1994 —, a Cúpula da Ciência afirmava que os problemas globais econômicos, sociais e ambientais não poderão ser resolvidos sem uma população mundial estável. Assim, será indispensável perseguir o índice zero de crescimento demográfico tão breve quanto possível. Foram considerados os seguintes cenários para o século XXI:

- Se nos próximos 60 anos a fertilidade global declinar da atual taxa de 3,3 para 2,1 filhos por mulher, a população mundial atingirá pelo menos 11 bilhões de indivíduos antes de se estabilizar, pelo final do século XXI.
- Caso a fertilidade reduza-se para uma média de 1,7 filho por mulher no início do próximo século, a população humana atingirá o pique de 7,8 bilhões em meados desse século e declinará lentamente daí em diante.

• Mas se a fertilidade média não declinar para uma taxa inferior a 2,5, a população mundial chegará a 19 bilhões no ano de 2100, e a 28 bilhões em 2150.

Elevados índices de reprodução humana estão historicamente correlacionados à miséria, às altas taxas de mortalidade infantil, às baixas condições sociais e educacionais da mulher, às deficiências nos serviços de assistência à reprodução e à baixa disponibilidade e aceitação de contraceptivos. Além do mais, pobreza e falta de acesso a informações e métodos de controle favorecem um crescimento mais acelerado da população e aumentam os incentivos para a degradação ambiental pela exploração de recursos marginais. Forma-se, então, um círculo vicioso que, infelizmente, os governos — em geral — têm tentado combater apenas com o crescimento da economia.

5. A Questão Urbana

O acelerado crescimento das cidades, ocorrido no mundo em geral, principalmente a partir do final da Segunda Guerra Mundial, consiste em um dos maiores desafios deste final de século e está estreitamente ligado ao crescimento populacional. O processo de industrialização global gerou um fenômeno de urbanização que supera, em muito, o já elevado índice de crescimento populacional.

Em 1950, apenas 29% das pessoas viviam em áreas urbanas. Em 1970, já eram pouco menos de 37%; em 1985, 41% e, em 1995, os habitantes urbanos somavam 45%. Pelo ano de 2025, esse total deverá alcançar pelo menos 60%. Em números absolutos, a população urbana, que era de 734,2 milhões, em 1950, alcançou a cifra de 2 bilhões, em 1985, e deverá atingir 2,854 bilhões, no ano 2000.

Entre 1950 e 1985, o total de moradores das cidades do mundo quase triplicou (enquanto a população mundial não havia ainda dobrado), tendo aumentado em 1,25 bilhão de pessoas. Em 1950, uma em cada oito pessoas era habitante urbano; já em 1980, era uma em cada três. Nos países industrializados, cerca de 3/4 da população é urbana (mais de 50% dos americanos vivem, atualmente, dentro de uma faixa de 70 km na zona costeira), enquanto nos países em desenvolvimento essa proporção é de aproximadamente 1/3. Mas o processo de urbanização destes países cresceu a uma taxa de 4% ao ano entre 1975 e 1990, e nada faz supor que tal índice esteja decrescendo. Ao final desta década, 77% da população da América Latina (78,4% do Brasil, em 1996), 41% da África e 37% da Ásia viverão em cidades. Tal velocidade de urbanização significa uma enorme pressão sobre os governos dessas nações, no sentido de criar a infra-estrutura necessária para absorver esse aumento de população. Por volta de 2025, quatro bilhões de pessoas, no mundo em desenvolvimento, serão classificadas como urbanas — equivalendo à população mundial total de 1975.

Há diversas causas para o acelerado crescimento das cidades do globo: o declínio da disponibilidade de recursos *per capita* e a diminuição de oportunidades econômicas na área rural, somados à crescente mecanização das atividades agrícolas, e a maior oferta de serviços e empregos nas cidades. Comumente, uma alta porcentagem dos que migram da zona rural para a zona urbana encontra condições de vida extremamente desfavoráveis, não consegue progredir em um ambiente de competição mais acirrada e termina por viver à margem da sociedade. No entanto, poucos retornam; muitos por falta de recursos, mas a maioria, talvez, pelo fascínio que a *urbis* exerce sobre as pessoas, magnetizadas pela tentação do consumo, mais acessível nas cidades do que no campo.

Os grandes núcleos urbanos apresentam, no entanto, problemas que são inerentes às concentrações humanas: violência, alienação, solidão e indiferença social, desconfiança e acentuada competição entre as pessoas, poluições diversas, maior exposição a vírus e bactérias, condições sanitárias deficientes, custos mais elevados para produtos primários etc. A expansão urbana tem custado, freqüentemente, o preço da ocupação de valiosas terras agriculturáveis. O crescimento urbano também pode ter impactos importantes sobre as regiões vizinhas, através da demanda crescente de recursos naturais e do aumento do fluxo (de entrada e saída) de materiais, produtos, energia, água, resíduos e pessoas.

As enormes dificuldades do trânsito urbano são diretamente proporcionais ao índice de concentração humana, quando se comparam cidades com poder aquisitivo equivalente, mas de tamanhos diferentes. Esta é uma realidade tanto para Los Angeles como para Paris, Cidade do México, São Paulo ou Bancoc. Nesta, por exemplo, os engarrafamentos atualmente são tão intensos que o tempo desperdiçado pelos passageiros, somado ao consumo extra de petróleo, custa ao país mais US$1 bilhão anuais, segundo avaliação do Fundo das Nações Unidas para População (UNFPA, 1991). Um bilhão de dólares adicionais são perdidos em contas médicas e no absenteísmo de trabalhadores acometidos por doenças causadas pela poluição do ar.

À medida que as cidades crescem em tamanho, proliferam as favelas e as invasões de terras. Estima-se que aproximadamente 1/3 da população urbana dos países em desenvolvimento viva em favelas ou em choças, típicas das cidades satélites. O crescimento urbano desordenado, característico dos países com acelerado crescimento demográfico, provoca uma aguda deficiência habitacional. O resultado é a superlotação dos imóveis urbanos, de par com o processo de favelização e o aumento da população de rua, que inevitavelmente causam sérios impactos aos meios social e natural disponíveis. A taxa de ocupação domiciliar nos países em desenvolvimento é de 2,4 indivíduos por cômodo habitável, o triplo da dos países desenvolvidos, que é de 0,8 — segundo relatório do Programa das Nações Unidas para o Desenvolvimento (PNUD, 1991). A maioria das cidades médias e grandes dos países em desenvolvimento estão cercadas (ou entremeadas) de subabitações, onde faltam espaço, água potável, serviços sanitários, coleta e disposição adequada de lixo, energia, segurança, áreas de lazer e outros itens indispensáveis a uma vida decente.

Durante as décadas de 1970 e 1980, as aglomerações urbanas estavam provocando graves problemas à saúde pública, mesmo em nações ricas. O Japão, que, à época, estava se transformando em um dos dois ou três países mais ricos do mundo, estava atordoado com as crescentes necessidades sanitárias de Tóquio (que aumentou de 6,7 milhões de moradores, em 1950, para 20 milhões, em 1980). Em 1985, menos de 40% das habitações da cidade contavam com sistemas adequados de esgotos. Já Hong Kong, um rico centro comercial e financeiro, lançava diariamente um milhão de toneladas de excreção humana, sem nenhuma forma de tratamento, no mar da China Meridional. A vizinha Taiwan, já em acelerado processo de industrialização, possuía uma rede de esgotos que atendia a apenas 1% da sua população, 200 mil entre 20 milhões de habitantes, 2/3 dos quais viviam em suas quatro maiores cidades.

Em suma, nos países em desenvolvimento, a urbanização não promove progresso econômico e social, tal como ocorreu, entre o final do século passado e o início deste, nos países ricos.

De diversas formas, a acelerada urbanização está retardando, naqueles países, a luta para se alcançar um desenvolvimento sustentável.

6. Saúde Pública

Em 1975, um proeminente biólogo declarou que, ao longo dos últimos 150 anos, o mundo ocidental havia virtualmente eliminado a morte por doenças infecciosas. Essa era uma visão justificável na época, quando a varíola tinha sido praticamente erradicada, a tuberculose e a poliomelite estavam declinando rapidamente, assim como — à exceção da malária — todas as principais doenças infecciosas do século XX. Cientistas acreditavam que, graças aos progressos da higiene, do saneamento, da imunização e dos antibióticos, todas as infecções remanescentes que ainda afligiam os homens e seus animais domesticados seriam em breve erradicadas. Mas as coisas não se passaram bem assim, pois agentes de doenças — que vão de bactérias a insetos — têm revelado uma progressiva resistência a drogas e produtos químicos que lhes eram antigamente fatais.

Ainda em 1975, surgiu a doença de Lyme (cujas manifestações incluem artrite e erupções cutâneas), e a febre de Lassa (grave inflamação de garganta, desidratação aguda etc., levando à morte) alcançou a Europa; em 1978, surgiram a doença do legionário (pneumonia muito severa) e a síndrome do choque tóxico (sérios problemas renais); em 1981, foi a vez da síndrome da imunodeficiência adquirida (AIDS); em 1985, da síndrome da fadiga crônica e, em 1993, o hantavírus (este vírus, historicamente associado a febres hemorrágicas e doenças renais na Europa e Ásia, apareceu no sudoeste dos Estados Unidos com uma nova síndrome de problemas pulmonares, que terminam com a morte). Todas são doenças infecto-contagiosas. Ao todo, 29 novas doenças foram identificadas no último quarto do século XX. Mas, além dessas novas, velhas doenças estão ressurgindo de maneira mais ampla e virulenta.

A sétima pandemia de cólera começou na Indonésia, em 1961, espalhou-se para a África na década de 1970 e alcançou a América do Sul em 1991, sendo que, agora, uma nova variante está emergindo. A malária reapareceu em regiões onde havia sido eliminada. Na verdade, a erradicação da varíola e o controle da poliomelite ofuscaram os fracassos no combate à malária. Verifica-se, atualmente, maior incidência de casos dessa doença na Amazônia ocidental, devido ao desmatamento, que favorece a criação de novos hábitats para os mosquitos vetores, e também à crescente colonização por populações humanas suscetíveis.

A dengue, com índices alarmantes no Rio de Janeiro, e a febre amarela estão expandindo-se. No início da década de 1960, havia um grande otimismo quanto ao controle da febre amarela. Mas, nesse mesmo ano, como em 1970, aconteceram novas epidemias da doença. Verificou-se, então, que não apenas o mosquito *Aedes aegypti* transmitia a febre amarela, mas havia diversos outros vetores (o *A. aegypti* transmite também a dengue). O seu controle revelou-se tão difícil que, em 1972, a Fundação Rockefeller fechou o seu principal laboratório e outras unidades de campo dedicadas ao estudo da enfermidade, convencida de que eram infrutíferas as tentativas de eliminar a febre amarela.

A hepatite, também no Rio de Janeiro, apresenta — há vários anos — um tal número de casos que seria provavelmente considerada surto por organizações médicas, caso tivesse seus dados oficiais divulgados. Por sinal, a disseminação da hepatite tipo C está tomando características de pandemia global, pois mais de 150 milhões de pessoas no mundo inteiro sofrem da doença. De acordo com a Organização Mundial da Saúde (OMS), 80% desses doentes vão desenvolver hepatite crônica.

Em 1974, São Paulo sofreu uma epidemia de meningite meningocócica, uma grave infecção bacteriana que podia matar uma pessoa em menos de 24 horas, quando não tratada a tempo. O Hospital Emílio Ribas, um dos principais da capital paulista, tinha — em agosto daquele ano — quase 15% dos seus internos à morte por causa da doença. O índice de mortalidade em hospitais menores chegava a 77% das crianças e 60% dos adultos. Entre janeiro e agosto de 1974, o Emílio Ribas registrou mais de 11 mil casos de meningite (não mais apenas do tipo C, mas também do tipo A, que até então não possuía registro conhecido no país. As pessoas infectadas eram como crianças não vacinadas, pois não tinham anticorpos para combater o tipo A). O Rio de Janeiro também foi atingido e, na virada do ano, apresentava uma taxa de casos superior à de São Paulo alguns meses antes (agosto de 1974). Quando a doença foi controlada, ao longo de 1975, um número superior a 10 mil pessoas tinha perdido a vida e mais de 150 mil pessoas, em seis estados, tinham estado gravemente enfermos. Cerca de 30% dos sobreviventes passaram a sofrer de distúrbios neurológicos de algum tipo, a longo prazo. Esses dados foram ocultados do público pela censura do regime militar.

As incidências de tuberculose aumentaram em países onde se encontravam em queda. A OMS aponta a tuberculose como a doença infecciosa mais letal entre os adultos. Um terço da população mundial está infectada pelo bacilo, embora apenas de 5% a 10% dos afetados desenvolvam a doença, tornando-se fonte de contágio. Mesmo assim, a Organização estima que, nos próximos dez anos, cerca de 90 milhões de pessoas desenvolverão a doença e 30 milhões morrerão. Além dos países africanos, onde a AIDS ajudou a disseminar a tuberculose, novos surtos estão surgindo nos países asiáticos. No Brasil, a doença vem aumentando de forma preocupante, registrando cerca de 80 mil casos a cada ano (quase dez por hora) e 14 óbitos por dia. O Rio de Janeiro, novamente, é um dos estados com as maiores taxas de tuberculose: 140 casos em 100 mil habitantes e, só em 1994, 1.200 mortes.

A OMS estima que 500 mil pessoas são infectadas pela doença de Chagas a cada ano, 300 mil das quais são crianças. Entre 10% e 15% morrem, e o restante torna-se cronicamente infectado, desenvolvendo, por fim, problemas coronários e outras desordens crônicas. A OMS calcula que na América do Sul de 16 a 18 milhões de pessoas estão infectadas (dados de 1991) e que outras 90 milhões encontram-se sob o risco de contrair a doença.

Em agosto de 1976, no Zaire, houve o primeiro caso de uma doença totalmente nova, de origem virótica, que apresentava, entre vários outros sintomas, vômitos de sangue negro digerido e, às vezes, de sangue vivo, diarréias com sangue, estado de estupor e prostração, com sensação de peso nas articulações. Apenas três dias eram suficientes para uma pessoa em bom estado de saúde contrair a enfermidade e morrer. Esse vírus foi chamado mais tarde de Ebola, nome do rio que cortava a região que era o seu epicentro. Em 1995, o Ebola tornou-se mundialmente famoso, ao ultrapassar as fronteiras africanas e tornar-se uma séria ameaça a diversas comunidades em todo o mundo.

Apesar de o aumento das doenças infecto-contagiosas ser bem mais alarmante nas regiões tropicais mais pobres, ele está ocorrendo também em países mais ricos e de clima temperado. Entre maio de 1992 e maio de 1993, a União Soviética conheceu índices extraordinários de crescimento de diversas doenças, como fica evidente pela tabela que se segue.

Tabela 2
Crescimento de doenças na ex-União Soviética

Tipo de doença	% de crescimento
Sarampo	282
Difteria	163
Sífilis	136
Tifo	82
Gonorréia	60
Malária	34
Gripe	28
Tuberculose	24
Coqueluche	16

O presidente da Academia de Ciências Médicas da Rússia, Vladimir Pokrovsky, declarou, em outubro de 1992, que os russos já haviam se arruinado pelos próximos 25 anos. Acrescentou ele: "A nova geração está entrando na vida adulta de forma insana. A economia soviética desenvolveu-se à custa da saúde da população." Dados liberados pela Academia mostram que 11% das crianças russas possuem defeitos de nascença. Com metade da água potável e um décimo dos suprimentos alimentares contaminados, 55% das crianças em idade escolar sofrem de problemas de saúde. A Academia relata, ainda, que o aumento de doenças e mortes prematuras, na faixa etária de 25 a 40 anos, é particularmente aflitivo. A expectativa de vida do povo russo encontra-se em queda.

A síndrome da imunodeficiência adquirida (AIDS) é a prova mais pungente da nova vulnerabilidade global a que está sujeita a humanidade. Em torno de 1980, cerca de 100 mil pessoas estavam infectadas em todo o mundo pelo vírus HIV. A pandemia global em que se tornou a moléstia ameaça matar 20 milhões de adultos e mais de um milhão de crianças até o ano 2000.

A peste, tanto a pulmonar como a bubônica, que — na Idade Média, principalmente — dizimava as populações na Europa e Ásia, ressurgiu na Índia e, em setembro de 1994, já havia levado 44 pessoas à morte na cidade de Surat, no estado de Gujarat. Outros vírus conhecidos das ciências médicas, como os das hepatites C e E, encontraram novos agentes de contaminação, recentemente identificados.

Mundialmente, as doenças infecciosas mataram mais de 16,5 milhões de pessoas em 1993, muito mais do que, por exemplo, o câncer, que respondeu por 6,1 milhões de óbitos, e as doenças de coração, que provocaram 5 milhões de mortes. Mas quais as razões desse retrocesso na questão sanitária mundial?

Naturalmente não se podem esperar respostas simples para esses fatos novos da saúde pública. Algumas das considerações mais importantes, no entanto, foram debatidas pelo Grupo de Trabalho de Harvard sobre Doenças Novas e Ressurgentes, em artigo da publicação *American Scientist* (1994). Esse grupo, composto por dez pessoas, tem tentado identificar os fatores que provocam a emergência e a difusão dessas doenças. Para tanto, escreveu o Grupo: "Integramos complexos processos sociais, epidemiológicos, ecológicos e evolucionários para compreendermos como eventos nessas variadas dimensões interagem, em circunstâncias dinâmicas, para gerar problemas de saúde radicalmente novos."

O Grupo de Trabalho de Harvard afirma que as alterações provocadas pelo homem nos ecossistemas contribuem para esse quadro. A destruição dos hábitats de organismos patogênicos, ou de seus vetores, onde eles se encontravam em estado de equilíbrio, favorece sua transferência para o ambiente humano. Caso encontrem condições favoráveis de colonização, esses organismos têm um poder devastador na saúde humana. Essas invasões são, em geral, mais fáceis em regiões de baixa diversidade biológica (como ilhas oceânicas), onde o invasor enfrenta menor competição de espécies nativas. A formação de novos hábitats, em conseqüência da eliminação de florestas e dos danos causados a outros ambientes naturais, permite que microorganismos remotos ou raros tornem-se abundantes e terminem por atingir as comunidades humanas.

As moléstias migram de insetos e outros animais (nos quais os micróbios são geralmente inócuos) para os seres humanos graças à destruição dos hábitats locais pelo próprio homem. Foi a profunda alteração do ambiente natural que possibilitou a emergência da doença de Lyme, que, por volta de 1992, era a enfermidade com maior número de registros e a mais resistente nos Estados Unidos.

A baixa prioridade concedida ao saneamento e à saúde pública, principalmente nos países em desenvolvimento, assolados por elevada dívida externa e crise econômica, a urbanização e a favelização aceleradas facilitam o caminho para as epidemias. (As favelas paulistas e cariocas formavam o principal foco de contaminação da epidemia de meningite de 1974.) Os ambientes interno e externo das habitações oferecem uma importante moradia para um amplo espectro de insetos e roedores associados à ocupação humana e que são vetores de doenças que afligem a humanidade. O Grupo de Harvard lembra, também, que a má nutrição e as drogas imunodepressivas tornam as pessoas vulneráveis a infecções.

A crescente pressão migratória de pessoas à procura de uma vida melhor e o adensamento urbano contribuem para o aumento do contágio de doenças epidêmicas. Pessoas que se mudam para um novo país podem encontrar microorganismos patogênicos contra os quais não oferecem resistência, bem como transportar vírus ou bactérias nocivos às populações locais. Da mesma forma, o estresse físico e psicológico da vida moderna, principalmente nas grandes cidades, promovendo uma competição exacerbada entre os indivíduos, deprime o sistema imunológico, tornando-os presas mais fáceis de vírus e bactérias.

A contaminação da água, do ar e do solo por produtos químicos tóxicos e radioativos, somada à crescente exposição a raios ultravioleta, prejudica a saúde dos povos e empurra para cima os já elevados custos de tratamento médico. Elementos poluentes e radioativos aceleram a taxa de mutação de organismos patogênicos. O uso indiscriminado e galopante de antibióticos cada vez mais poderosos está criando superbactérias e vírus. Por conseguinte, os vírus da gripe e de diversas outras doenças estão desenvolvendo formas cada vez mais violentas.

Um estudo do Centro de Controle e Prevenção de Doenças (CDC), com sede na cidade de Atlanta, revela que, nos Estados Unidos, a mortalidade por doenças infecciosas cresceu 58% entre 1980 e 1992. É certo que o aparecimento da AIDS contribuiu muito para esse crescimento, mas, mesmo desconsiderando-se essa contribuição, as mortes por infecções cresceram 22%. Em 1992, 47% das pessoas que morreram de doenças infecciosas apresentavam problemas respiratórios. A morte por septicemia — presença de bactérias potencialmente letais na corrente sanguínea — aumentou 83% entre 1980 e 1992. O estudo, divulgado em janeiro de 1996 pela revista da Associação Médica Americana, considera que os antibióticos estão perdendo a batalha contra as infecções. O uso inadequado desses medicamentos tende a matar os microorganismos mais fracos e a favorecer a proliferação dos mais resistentes.

Um indicador inequívoco da estreita relação entre riscos de epidemias e degradação ambiental é a progressiva ocorrência de florescimentos de algas pelos mares do mundo. Tais florescimentos criam condições favoráveis à reprodução de elementos patogênicos, em particular o *Vibrio cholerae*. As principais contribuições para a explosão global de florescências de algas são os abundantes despejos, nos ecossistemas marinhos, de esgotos e fertilizantes, a exploração excessiva de cardumes e moluscos e a destruição de terras alagadas, como brejos, lagos e pântanos. Tudo isso combinado às mudanças climáticas.

O Grupo de Harvard observa que devemos reavaliar a nossa noção de doença. "Nós devemos olhar as doenças como o resultado de múltiplas condições decorrentes de mudanças não somente dentro do núcleo das células, mas também em torno do planeta, incluindo mudanças no clima, nos padrões econômicos e nas comunidades das espécies."

O professor de Epidemiologia e Saúde Internacional da Faculdade de Saúde Pública de Harvard, Jonathan M. Mann, afirma que o mundo necessita — já — de um sistema de alerta precoce, capaz de detectar e reagir às ameaças das novas moléstias infecciosas à saúde. "Não há alarme mais claro do que a AIDS", diz ele, "[...] se agora o ignoramos, o risco é nosso" (Garrett, 1994).

7. Desastres Ambientais

Os desastres naturais fazem parte da história da espécie humana. Ao longo dos tempos, as sociedades têm conseguido — com variados graus de sucesso — reduzir a probabilidade de conseqüências nocivas desses desastres por meio de medidas como obras civis e controles diversos dos fenômenos naturais. Entretanto, o meio humano tem-se tornado, de umas décadas para cá, mais e mais sujeito a acidentes ambientais.

Embora os desastres naturais sejam distintos dos acidentes causados por erro ou falha humana, é cada vez mais evidente que as atividades humanas favorecem o aumento do número e do grau de impacto dos acidentes geofísicos. Esses têm como conseqüência não apenas uma elevação do total de mortes, mas também das perdas materiais, principalmente nos países em desenvolvimento. As pessoas tornam as terras mais vulneráveis a enchentes quando removem a vegetação nativa, que fixa o solo, absorve o excesso e diminui a velocidade de escoamento da água. Elas também tornam as terras mais sujeitas a secas quando destroem a cobertura vegetal e o solo, que estocam a água e regulam a sua liberação para os corpos hídricos.

Situações de riscos são criadas ou intensificadas pelo aumento da riqueza no mundo. Como conseqüência do aumento do número de automóveis, os acidentes em cidades e estradas estão em alta, enquanto áreas de recreação das classes mais abastadas estão sendo crescentemente construídas em locais vulneráveis, como montanhas, zonas de terremotos e costas litorâneas tropicais, principalmente as sujeitas a fortes tempestades. Além do mais, o uso crescente de produtos químicos tóxicos e radioativos, o emprego de novas tecnologias insuficientemente testadas e as condições insalubres de trabalho nas indústrias têm igualmente introduzido novos danos ambientais.

Pobreza e pressão populacional também estão na origem desses desastres, obrigando os mais desvalidos a procurar regiões de alto risco para viver: encostas íngremes (mais sujeitas a erosões e avalanches) em zonas costeiras expostas a ciclones e maremotos, ou baixadas vulneráveis a enchentes. Bangladesh tem cerca de 20 milhões de pessoas altamente vulneráveis a esses fenômenos naturais. Nas Filipinas, por exemplo, a zona costeira é bem mais protegida do que a de Bangladesh, pela existência de árvores, manguezais e recifes.

Em muitos países pobres, favelas ou assentamentos precários são criados sem condições de proteção contra tremores de terra, ventanias e chuvas fortes. Além do mais, os pobres estão mais desprotegidos contra os riscos de acidentes industriais, de poluições diversas e de resíduos perigosos (tóxicos, radioativos etc.).

De acordo com o PNUMA, na década de 1960, aconteceram 16 desastres naturais de grande magnitude. Na década seguinte, este número chegou a 29, e na década de 1980, a 70. Somente entre 1974 e 1984, as secas causaram a morte de aproximadamente 500 mil pessoas, praticamente todas em países em desenvolvimento. As perdas econômicas também subiram abruptamente: na década de 1960, foram de US$ 10 bilhões; na década de 1970, de US$ 30 bilhões; e na década de 1980, ficaram acima de US$ 90 bilhões. Apenas no ano de 1998, os prejuízos alcançaram US$ 92 bilhões. Ironicamente, as Nações Unidas denominaram os anos 1990 como a "Década Internacional da Prevenção contra os Desastres Naturais."

Podem ser entendidos como exemplos de desastres ambientais:

— No Texas (EUA), em 1947, a explosão de um carregamento de nitrato matou 550 pessoas, feriu 350 e deixou prejuízos de US$ 35 milhões.

— Em Londres, em dezembro de 1952, uma inversão térmica que durou cinco dias causou a morte de quatro mil pessoas, segundo estimativas. Esse fenômeno meteorológico reteve uma elevada concentração de dióxido de enxofre, além de outros gases poluentes liberados pela queima de carvão mineral (principalmente para aquecimento), atacando o sistema respiratório das pessoas. Algo parecido passou-se em Nova York, em 1966, quando 80 pessoas morreram de causas relacionadas à poluição do ar durante uma inversão atmosférica que durou quatro dias.

— Em 1953, uma maré anormalmente alta na Holanda provocou 1.487 mortes e a evacuação de um milhão de habitantes.

— Um acidente no reator nuclear Windscale, em 1957, que produzia plutônio para armas nucleares dos Estados Unidos, causou a morte de 35 pessoas e contaminou muitas outras. Esse acidente foi mantido em segredo durante 30 anos. Já o acidente com o reator de água pressurizada de Three Mile Island, em 1979, não causou mortes, mas levou 220 mil pessoas a evacuarem os arredores da usina. O prejuízo causado por esse acidente ultrapassou US$ 2 bilhões.

— Em 1968, uma indústria química despejou mercúrio inorgânico na baía de Minamata, no Japão. O metil mercúrio, a forma orgânica e altamente tóxica na qual se transformou aquele metal pesado, envenenou mais de 1.500 pessoas e provocou a morte de mais de 200. As pessoas que comeram peixes da região sofreram sérios problemas neurológicos.

— Uma seca rigorosa na região do Sahel, na África, em 1973, deixou um saldo de milhares de mortos. Na década seguinte, centenas de milhares de pastores nômades tiveram de se deslocar para o sul, após terem consumido os últimos fragmentos de vegetação seca.

— Em 1973, Knapsack, na Alemanha, foi a primeira cidade a ser declarada inabitável por causa de poluição do ar, que se tornou tão irrespirável que os habitantes locais foram forçados a abandonar a cidade, que logo após foi demolida.

— Em 1976, o escapamento de 2 kg de dioxina, em Seveso, Itália, levou à evacuação de moradores e provocou problemas de saúde em 200 pessoas, além de ter deixado um saldo de 35 mil animais de criação mortos. Os custos diretos do acidente foram estimados em US$ 250 milhões.

— A maré negra, conseqüência do vazamento de 230 mil toneladas de óleo bruto do navio Amoco Cadiz, ao largo de Brest, na França (1978), matou cerca de dez mil aves oceânicas, além de milhões de moluscos e crustáceos.

— Em 1981, o navio petroleiro Asami perdeu 16.493 litros de óleo bruto em águas da União Soviética e matou aproximadamente 60 mil aves marinhas.

— Nos Estados Unidos, na década de 1980, ocorreram 15 acidentes industriais, cujo volume de produtos tóxicos liberados para o ambiente ultrapassou o total do famoso acidente da fábrica de pesticidas da Union Carbide, que, em 1984, em Bhopal, na Índia, provocou a morte de mais de 2.800 pessoas, pelo vazamento de metil isocianato (acima de 20 mil sofreram sérios danos respiratórios e oculares), fazendo com que 200 mil pessoas abandonassem a cidade. Somente entre 1982 e 1988, 11.048 derramamentos menores de produtos tóxicos, em território norte-americano, resultaram na morte de 309 pessoas e em ferimentos de mais de 11.200.

— Entre 1984 e 1985, uma prolongada estiagem na Etiópia foi a razão de um número de mortes que ultrapassa o milhão. Por causa das secas persistentes, já no início de 1984, mais de 150 milhões de pessoas, em 24 países africanos, estavam sob a ameaça de morte por inanição.

— O mais grave acidente nuclear ocorreu na Ucrânia, União Soviética, em 1986, na usina de Chernobyl. Por erro humano, 30 pessoas e 209 funcionários do serviço de emergência expuseram-se a radiações relativamente altas e morreram. Houve uma elevada precipitação (pouco homogênea) de radionuclídeos em regiões onde choveu durante a passagem da nuvem contaminada. Países como Áustria, Bulgária, Finlândia, Alemanha, Suíça, Romênia, Suécia e a ex-Iugoslávia sofreram as mais altas contaminações. Durante as primeiras semanas, 116 mil pessoas — sob grande pressão psicológica — foram evacuadas da região e as atividades agrícolas foram interrompidas.

— Até o início da década de 1980, o mar Aral — incrustado entre o Casaquistão e o Ubequistão (países da ex-União Soviética) — era o quarto maior mar interior do mundo. Atualmente está desaparecendo, porque a água que o abastecia foi desviada para um esquema totalmente inadequado de irrigação. Já no final dessa década, a nova linha do litoral havia recuado quase 40 km, deixando uma imagem desolada de barcos e navios encalhados em uma paisagem lunar de areia e pedra. Enquanto isso, na cidade próxima de Muynak, as pessoas ainda enlatavam peixes — mas não mais os do mar Aral, e sim os despachados do oceano Pacífico, via Sibéria, a mais de mil milhas de distância.

— Em 1987, pescadores siberianos descobriram uma grande quantidade de focas mortas (*Phoca sibirica*) às margens do lago Baical, um enorme lago situado na porção asiática da Rússia. No final daquele ano, o total de animais mortos alcançou 20 mil, quase 70% de sua população. Esse lago, o mais profundo do mundo, com 1.600 m de profundidade, abriga um bom número de espécies endêmicas, e as mortes das focas cinza-escuro despertaram uma enorme preocupação com as condições ecológicas do lago Baical e com as causas desse desastre ambiental. Descobriu-se, então, que o governo soviético utilizara, por longo tempo, esse e outros lagos do país como depósito de lixo químico tóxico.

— Em agosto de 1990, no mar Branco (no norte da Rússia), vários milhares de estrelas-do-mar morreram, cobrindo muitos quilômetros de praia, em um acidente misterioso e sem precedentes. Investigações posteriores identificaram o lixo radioativo militar como o provável criminoso pelas mortes do mar Branco. No verão de 1988, morte de 12 mil focas no mar do Norte do hemisfério setentrional foi atribuída, por alguns estudiosos, ao estresse ambiental, que torna os animais progressivamente mais vulneráveis a diversos vírus.

— Em 1991, em Bangladesh, um ciclone provocou a morte de 132 mil pessoas e danificou colheitas em uma região de quase 500 km de extensão. Os dois maiores ciclones anteriores (1970 e 1985) já haviam matado 311 mil pessoas, evidenciando a vulnerabilidade a acidentes naturais desse país superpovoado e com o ambiente natural extensivamente modificado. O furacão Hugo, que atingiu Charleston, no estado norte-americano da Carolina do Sul, em setembro de 1989, causou prejuízos cujas estimativas variam de US$ 225 milhões a US$ 275 milhões. Entre 1960 e 1990, enchentes graves foram a causa da morte de cerca de 65 mil pessoas no mundo inteiro, sendo que 78% delas em cinco países: Bangladesh, China, Colômbia, Índia e Paquistão.

— No início de janeiro de 1995, começou a dar às costas do golfo da Califórnia — algumas vezes chamado de "aquário do mundo" — uma quantidade significativa de corpos de aves marinhas, golfinhos, baleias e leões-marinhos. Poucos meses depois, essas mortes já haviam atingido pelo menos 60 leões-marinhos, 10 baleias, 352 golfinhos e muitas centenas de aves. Diversas causas foram discutidas e, após muita investigação, concluiu-se que a mais provável era a decomposição do NK19, uma tinta fotossensível de grande visibilidade tanto de dia como à noite, usada por contrabandistas para marcar pontos de coleta em mar aberto. Esse produto, crescentemente utilizado por traficantes que pretendem introduzir drogas nos Estados Unidos, contém elevadas concentrações de chumbo, mercúrio e arsênico.

— Em apenas três dias de novembro de 1994, a rica região de Piemonte, no norte da Itália, ficou afogada em 25 cm de chuva, cerca de 30% do que normalmente chove em um ano inteiro. Rios erodiram barrancos, pontes e auto-estradas desmoronaram, e grande parte da agricultura ficou arruinada. Quando as chuvas pararam, havia 63 mortos e 10 mil desabrigados. As perdas materiais ultrapassavam os US$ 4 bilhões. A mãe-natureza não pode ser a única acusada do que talvez tenha sido a maior enchente da história italiana. Na avaliação de Giancarlo Bologna, secretário-geral do ramo italiano do Fundo Mundial para a Natureza (WWF), "o planejamento de ocupação do solo, na Itália, foi sempre um desastre". Além da corrupção que acompanha as obras públicas, comprometendo obras civis como pontes, estradas e diques, o desmatamento em larga escala, que desnudou encostas para a ocupação agropecuária e para dar lugar a construções, contribuiu para o desastre. Como os solos sem cobertura vegetal facilitam e aceleram o fluxo das águas, além do processo de assoreamento dos cursos d'água, as inundações naquele país aumentaram em 50% em 18 anos, apesar de a média de precipitação anual ter decrescido.

— No final de janeiro de 1995, chuvas torrenciais, combinadas com o derretimento anormal (em pleno inverno!) de neve nos Alpes — um fenômeno cada vez mais freqüente em função do aquecimento global —, sobrecarregaram a bacia hidrográfica que desemboca nos Países Baixos. A ameaça de rompimento de diques em duas províncias holandesas obrigou 250 mil pessoas a abandonarem suas casas. Foi o segundo grande dilúvio europeu em apenas 13 meses, trazendo problemas a diversos outros países do continente. Na Alemanha, o Reno elevou-se a 10,29 m em Colônia, igualando o recorde deste século, em 1926. Seis estados alemães que se situam ao longo dos rios Reno, Mosel, Main e Nahe ficaram praticamente submersos. Mas as mais extensas enchentes atingiram a França, onde quase toda a metade norte do país foi inundada. O rio Meuse (Maas, para alemães e holandeses) ficou 6,15 m acima do seu nível normal. A Normandia e a Bretanha tiveram quase um terço da sua chuva anual entre os dias 17 e 28 de janeiro. O Sena atingiu 4,92 m acima do seu nível. Em janeiro, a Bélgica recebeu mais de três vezes a sua quantidade normal de chuva.

— No primeiro semestre de 1995, o presidente Zedillo, do México, declarou estado de emergência em quatro estados do norte, depois que uma severa seca matou centenas de milhares de cabeças de gado e murchou colheitas. Durante um ano, choveu muito pouco nos estados de Nuevo Leon, Tamaupilas, Chihuahua e Durango, causando o esgotamento dos reservatórios. A água passou a ser racionada na cidade de Monterrey, enquanto outras comunidades foram forçadas a cortar o abastecimento de água após o meio-dia.

— Em julho de 1997, um número extraordinário de incêndios começou a varrer a Indonésia. Iniciado por agricultores, o fogo estendeu-se da Nova Guiné até a Malásia, embora mais concentrado nas ilhas de Sumatra e Borneo. Ambas as ilhas perderam com isso mais de 50% da sua cobertura florestal. Desde então, dezenas de pessoas morreram e milhares de outras desenvolveram doenças em função do *smog* e da poluição resultantes. Cerca de 1.100 viagens aéreas foram canceladas. Devido ao retardamento do período de chuvas no Pacífico Ocidental — como conseqüência do fenômeno El Niño, cujos efeitos foram sentidos até o final de 1998 —, em fevereiro de 1998, os incêndios continuavam na Indonésia, pondo em risco parques e reservas nacionais — com dezenas de espécies listadas como ameaçadas de extinção —, campos agrícolas e a saúde da população.

— Em fevereiro de 1998, uma mancha verde de 15 km^2 formou-se na baía de Sepetiba, na zona oeste da cidade do Rio de Janeiro. A mancha, formada por minúsculas algas, cobria cerca de 60% da baía e era o resultado do volume excessivo de esgoto doméstico lançado *in natura* na baía. A Secretaria Municipal de Meio Ambiente considerava que o despejo de resíduos químicos de indústrias, altamente tóxicos, teria igualmente contribuído para o fenômeno. Com a construção do porto de Sepetiba, 27,5 milhões de metros cúbicos foram lançados na baía, reduzindo sua profundidade para cerca de metade dos oito metros originais e agravando a degradação ambiental de Sepetiba. Era esperado que — quando as algas morressem — ocorresse uma grande mortandade de peixes, prejudicando bastante a já tão abalada atividade pesqueira, uma atividade econômica tradicional do município. Houve também um vertiginoso aumento dos casos de gastroenterites e infecções intestinais.

— No primeiro semestre de 1998, um incêndio — provavelmente o maior da história da região amazônica — ardeu em Roraima durante cerca de 40 dias e 40 noites. A queimada, provocada por fazendeiros e pequenos agricultores e pecuaristas, foi enormemente facilitada pela seca extraordinária que flagelou a região, e que foi atribuída aos efeitos do El Niño. O incêndio consumiu mais de 49 mil quilômetros quadrados (uma área 10% maior do que a do estado do Rio de Janeiro) de floresta, pastos e campos e também atingiu a Guiana e grandes porções da Venezuela.

— Em junho de 1998, um ciclone provocou a morte de 10 mil pessoas em Gujarat, na Índia.

— No final de outubro de 1998, o furacão Mitch fustigou Honduras, Nicarágua, El Salvador e Guatemala, por mais de uma semana. Nesse período, despejou mais de 1.000 mm de chuva sobre esses países centro-americanos. Quando esse flagelo terminou, havia cerca de 10 mil mortos, tornando o Mitch o mais mortal acidente climático do Atlântico nos últimos 200 anos.

Os desastres provocados pelo derramamento ou vazamento de petróleo (a grande maioria de navios) são provavelmente os mais freqüentes entre os diferentes tipos de acidentes ambientais provocados pelas atividades humanas. Estão também entre os que causam maiores danos ao meio ambiente. Entre 1972 e 1990, somente os dez maiores acidentes com petroleiros lançaram 1.432 toneladas de óleo nos mares! De 1974 a 1986, houve 698 derramamentos de petróleo, cujos montantes estavam entre 6.800 e 68 mil toneladas, sendo que 208 acima de 68 mil toneladas. Mas o total de vazamentos efetivamente registrados — nesse período — alcançou a fantástica cifra de 8.115. Em maio de 1995, um enorme tanque de combustível bastante corroído lançou 300 mil toneladas de óleo no norte da Rússia, próximo ao estreito de Bhering, em uma das regiões mais selvagens do mundo. Diversos rios foram poluídos, causando um acidente ecológico de grandes proporções.

Incêndios florestais provocados por ação antrópica, intencionais ou por negligência causam a perda de grandes áreas de biomassa, de vidas humanas e de prejuízos materiais. Somente nas florestas mediterrâneas, um especialista (Velez *in* Ketal 1990) estima que cerca de 50 mil incêndios, de diferentes tamanhos, atingem de 700 mil a um milhão de hectares a cada ano. As perdas econômicas variaram, em 1985, de US$ 17 milhões, em Portugal, a US$ 111 milhões, na Espanha. Durante a seca rigorosa de 1988, nos Estados Unidos, aproximadamente 75 mil incêndios queimaram mais de dois milhões de hectares de terras selvagens. Incêndios em ambientes naturais são uma prática de agricultores e pecuaristas em países africanos, asiáticos e latino-americanos. Em 1998, incêndios devastaram 1,3 milhão de hectares de florestas na Sibéria, Rússia. No Brasil, o hábito da queimada para o preparo de pastos e campos agrícolas é largamente utilizado em áreas de floresta, como na Amazônia e na Mata Atlântica, além do Cerrado e de campos nativos, com — pelo menos — muitas centenas de milhares de hectares queimados anualmente.

Há um número crescente de "refugiados ambientais", estimado em 12 milhões no início da década de 1990, que expressa o colapso dos seus sistemas de suporte de vida. Ou seja, cerca de 65% do total de refugiados, avaliados pelas Nações Unidas em 18,5 milhões no final do primeiro semestre de 1992 (eram 17 milhões em 1991). Quando a seca africana do início da década de 1970 atingiu o seu máximo, em 1972-1973 (como já foi anteriormente citado), provocando a morte de 100 a 200 mil pessoas (do Sahel à Etiópia), houve uma migração em massa em direção ao sul. Na Argélia, os cálculos apontavam para 167 mil pessoas que, para escapar à seca e à fome, abandonaram o Saara Ocidental.

Esses refugiados ambientais são os que migram para outros países, fugindo das calamidades do ambiente natural de suas terras. Existem, contudo, os refugiados internos, impossibilitados de cruzar fronteiras ou que mudam de área dentro do próprio país. Os refugiados internos eram estimados em 20 milhões em 1991, mas esse total deve ter aumentado no mínimo 10% nos quatro anos seguintes.

Com a exploração excessiva de suas terras, milhões de pessoas — de países em desenvolvimento — têm migrado em massa para novas áreas virgens, repetindo o mesmo processo insustentável de uso da terra. Isso ocorre em nações como Indonésia, Tailândia, Nigéria, Costa do Marfim, Equador, Colômbia, Peru e Bolívia. No Brasil, o acelerado processo de perda de produtividade do solo, a erosão e a desertificação dos estados do sul, notadamente em regiões do Paraná e do Rio Grande do Sul, provocaram uma enorme migração em direção ao norte a partir de meados da década de 1970. Essas causas — somadas à questão da má distribuição de terras e do crescimento demográfico — fizeram com que Rondônia conhecesse um aumento de população a taxas superiores a 15% ao ano, acréscimo basicamente formado por pequenos agricultores que exerceram ação desmatadora em larga escala.

A desertificação é uma forma de desastre ambiental. Apesar de ser um processo razoavelmente lento, é uma das manifestações mais pungentes de degradação do ambiente natural. Ela possui estreitas ligações com a erosão do solo, o desmatamento, a seca e as mudanças do clima. A desertificação é um fenômeno natural, mas bastante acelerado, quando não induzido, por atividades humanas. Globalmente, cerca de 300 milhões de hectares de terra — ou cerca de três milhões de quilômetros quadrados — estão fortemente degradados, o que representa uma área quase do tamanho da Índia. Essa área tende a transformar-se em deserto. A ela devem-se somar mais 900 milhões de hectares moderadamente degradados, com marcante declínio da produtividade agrícola. No entanto, algumas avaliações são ainda maiores, como a do PNUMA, que estimava, em 1988, que 4,5 bilhões de hectares, no mundo inteiro, encontravam-se em diferentes estágios de desertificação, afetando mais de 850 milhões de pessoas em áreas áridas, semi-áridas e subúmidas. Atualmente, de cinco a seis milhões de hectares são perdidos todo ano devido à severa degradação do solo.

Em 1992, o PNUMA avaliou que 11% do solo fértil do planeta encontrava-se tão erodido, quimicamente alterado ou fisicamente compactado, que já havia perdido sua função biótica original. Com a expansão das fronteiras agrícolas e a exploração excessiva do solo (e o sobrepastoreio), esse problema só tende a se agravar.

Na China, por exemplo, o desmatamento, promovido com o objetivo de aumentar a produção de grãos e iniciado na década de 1950, conhecendo o seu ápice na década de 1960, foi a principal causa dos processos acentuados de erosão do solo e desertificação, que devoraram milhões de hectares de terras aráveis entre as décadas de 1950 e 1970. Atualmente, a China possui 153 milhões de hectares de desertos (uma área do tamanho do estado do Amazonas), quase 16% da superfície total chinesa. Estima-se que apenas 5% desses desertos tenham sido formados em função de processos naturais. A desertificação é, atualmente, de 210 mil hectares por ano, 35% superior à de duas décadas atrás (World Resources Institute, 1994). A FAO estima que, em conseqüência da desertificação, as terras cultivadas da China decaíram de 105,2 milhões de hectares, em 1961, para 96,6 milhões de hectares, em 1990, números que podem estar subestimados em até 30%, de acordo com o próprio Escritório Estatal de Estatísticas da República Popular da China. Infelizmente, essa situação crítica das terras chinesas repete-se em um sem-número de países, a maioria deles em desenvolvimento.

O fenômeno da desertificação custa ao mundo aproximadamente US$ 30 bilhões anuais em perdas agrícolas. Segundo o

PNUMA, combater e reverter esse processo custaria apenas US$ 4,5 bilhões por ano, durante 20 anos. Esta equação repete a de controle de poluição (de qualquer origem ou tipo). Quando confrontados com os custos dos danos que o controle minimiza, os cálculos revelam que a balança pende sempre em favor da proteção ambiental.

PARTE III

Desenvolvimento Sustentável × Crescimento Econômico

1. Crítica ao Crescimento Econômico

Os economistas sempre encararam a economia como um sistema fechado. No famoso livro *A riqueza das nações* (1776), Adam Smith expõe o processo econômico como um fluxo circular de dinheiro e mercadorias entre pessoas e empresas, como em um sistema isolado: pessoas gastam dinheiro para comprar mercadorias produzidas por empresas, as quais gastam dinheiro para comprar fatores de produção (terra, trabalho e capital) pertencentes a particulares. Assim, ininterruptamente, o dinheiro circularia no sentido contrário ao dos ponteiros do relógio, como na figura 1.

Figura 1

Na visão econômica padrão, o dinheiro circula como em um sistema isolado

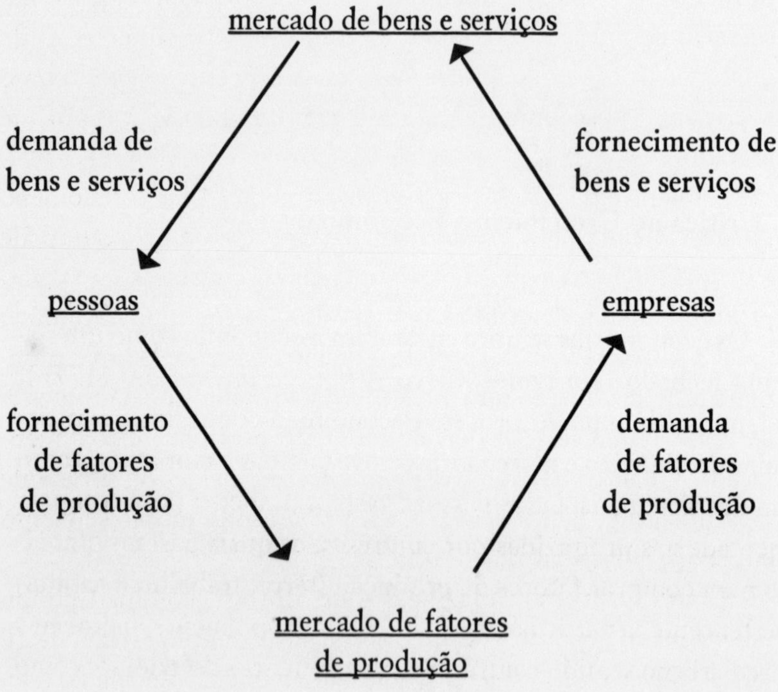

Historicamente, os formuladores de teorias econômicas têm pouco ou nenhum conhecimento sobre o início e o fim do processo de transformação de materiais. O foco de seus estudos concentra-se nas características sociais e psicológicas que regem a atividade econômica, sua dinâmica, suas causas e efeitos. Eles desenvolvem teses, fórmulas e sistemas de equações, mas desconhecem o processo de formação de matérias-primas, desconsideram a diferença entre recursos naturais renováveis e não renováveis e, principalmente, ignoram leis naturais fundamentais para a continuidade das atividades humanas.

Na realidade, a economia e o meio ambiente formam um sistema único e, como tal, é dinâmico (possui fluidez), dispõe de estoques, sofre realimentação (*feedback*) e apresenta limites que influenciam o funcionamento do sistema como um todo. É necessário compreender como a mecânica do crescimento — de qualquer tipo — desenvolve-se e, mais especificamente, como o crescimento econômico afeta o meio ambiente e é por ele afetado.

A maioria das pessoas pensa linearmente. Mas o fenômeno do crescimento não é linear, e sim exponencial: uma quantidade x de qualquer coisa que cresça a uma taxa y constante terá como produto, em um determinado intervalo de tempo, um montante igual a z. Como z é incorporado à quantia básica x, o novo montante a ser produzido será $z + dz$, sempre maior que o montante anterior, numa relação de causa e efeito positiva (retroalimentação). Quanto maior for o montante original x, ou a taxa de crescimento y, maior será $z + dz$, provocando um crescimento em escala geométrica.

Como ilustração, imagine-se que a produção anual de um determinado produto — automóveis, por exemplo — seja de 10 mil unidades e que esteja projetado um aumento de 5% ao ano. Após o primeiro ano, a produção será de 10.500 automóveis. No segundo ano, ela alcançará 11.025 unidades, no terceiro ano, 11.575 e, em apenas 14 anos, a produção será de 20 mil automóveis, o dobro da inicial.

Uma experiência familiar de como se processa a progressão geométrica é a inflação brasileira antes do advento do real. Uma elevação mensal de preços de 40% não significaria um aumento de apenas 480% ao final de um ano, como bem sabe qualquer brasileiro — mesmo os menos iniciados em aritmética —, mas sim de 5.569%. Em 24 meses, a inflação alcançaria o **invejável** montante de 321.320%!

Uma economia que se expandisse à taxa de 0,5% ao ano dobraria o seu Produto Nacional Bruto em 140 anos; à taxa de 1%, em 70 anos, e com um aumento de 4% a.a. — considerada modesta por muitos economistas —, a duplicação dar-se-ia em apenas 17,5 anos. Qualquer quantidade que aumente a 10% anuais, dobrará em sete anos, e em apenas 21 anos esse montante terá alcançado oito vezes o *quantum* original, um crescimento de 700%.

Grande parte das questões ambientais e sociais baseiam-se no equilíbrio abastecimento *versus* demanda. Embora não se saiba com precisão os seus limites, o **abastecimento** (de qualquer coisa) é seguramente limitado, enquanto a **demanda** pode ser ilimitada. Não há limites intrínsecos à demanda dos seres humanos. É óbvio que, se a interrupção desse ciclo demanda-abastecimento acontecer pelo lado do abastecimento, isso não acontecerá sem sofrimento. O crescimento econômico, estimulado por uma demanda crescente, terminará por fugir à sua finalidade inicial, isto é, a melhoria das condições de vida dos povos. Como essa relação de causa e efeito tem-se revelado cada vez mais falha, a tese da expansão econômica tornou-se uma crença, uma forma de fetichismo. Ouçamos novamente Albert Einstein: "[...] por força da repetição [...], idéias e crenças adquirem e conservam grande eficácia, mesmo depois que os fins que lhe deram essa força estiverem há muito esquecidos".

O crescimento contínuo da economia virou um fim em si mesmo. O que deveria ser apenas um meio está sendo cada vez mais confundido com os objetivos últimos, que são o desenvolvimento humano, a sobrevivência e o bem-estar presente e futuro da nossa espécie e daquelas que conosco partilham a biosfera. O apelo do crescimento econômico tem o efeito semelhante ao dos tambores, quando, na Antiguidade, ressoavam na floresta e garantiam a reação de toda a tribo, fosse qual fosse o motivo. Era o ritmo tantalizante dos tambores, não a virtude da causa, que constituía a força mobilizadora vital. Da mesma forma, é o feitiço da idéia de crescimento econômico em si que mobiliza as pessoas, e não mais as razões pelas quais ele foi proposto.

No livro *Beyond the Limits* (1992), Denis Meadows *et al.* destacam que a grande maioria das pessoas vê o crescimento das atividades humanas como algo a ser celebrado:

> [...] a maioria das sociedades, ricas ou pobres, olha o crescimento como um remédio para os seus mais imediatos e importantes problemas. No mundo rico, a expansão econômica é considerada necessária para a oferta de emprego, a mobilidade social e o progresso tecnológico. No mundo pobre, ela é vista como a única saída para libertar-se da pobreza [...]. Até que novas saídas para os legítimos problemas do mundo sejam encontradas, as pessoas agarrar-se-ão à idéia de que o crescimento econômico é a chave para um futuro melhor e farão o que lhes for possível para produzir mais crescimento.

A expansão permanente da produção é encarada como uma conseqüência inevitável do progresso tecnológico. Os que crêem no poder ilimitado da tecnologia chegam a ponto de desconsiderar verdades científicas comprovadas. Durante a preparação para a I Conferência sobre População das Nações Unidas, realizada em Bucareste, em 1974, vários participantes propuseram — para superar o desafio do crescimento da população global — soluções do tipo "moto-contínuo" para fornecer ao mundo ilimitadas fontes de energia. Um cientista, cansado de ouvir propostas otimistas e irreais de crescimento permanente, disse simplesmente que todas aquelas propostas violavam a 2ª lei da termodinâmica, que rege o princípio de transferência de energia. Finalmente, frustrado com esta insistência, um economista saiu-se com esta: "Quem sabe como será a 2ª lei da termodinâmica daqui a cem anos?"...

O crescimento econômico não pode e não vai — com certeza — continuar por muito tempo. A esse propósito, Jonathan Stone, secretário (de Ciências Biológicas) da Academia Australiana de Ciências, fez uma importante análise. Ao discutir o papel da ciência em texto publicado pelos Anais da Academia de Ciências de Nova York, em outubro de 1990, escreveu ele:

> [...] uma idéia ainda amplamente aceita entre os governos ocidentais é a de que a prosperidade depende do crescimento econômico; também de várias outras coisas, mas sempre com um crescimento de 3% a 4% da economia. Crescimento zero é visto como estagnação, e a contração, como catástrofe. Os governos procuram cada vez mais a ciência para adicionar valores às exportações, encontrar minerais, tornar a eletricidade e o aço mais baratos, promover crescimento econômico [...]. Contudo, alguns cientistas, como, por exemplo, o norte-americano Paul Ehrlich e o canadense David Suzuki, argumentam que o crescimento é insustentável; que o maior dever dos governos e das comunidades é construir uma sociedade que não cresça. Para apenas 2% anuais de aumento do PNB, o consumo dobra a cada geração [...]. Suzuki acentua que o fim do crescimento econômico virá de qualquer forma, a única escolha que teremos a fazer é se ele será controlado ou catastrófico [...]. A posição de Ehrlich e Suzuki é que, para evitar a catástrofe, será necessário frear o crescimento. Minha posição é que as academias científicas devem resistir aos direcionamentos impostos por seus governos, não em nome da pureza da ciên-

cia, mas porque o conhecimento científico mostra claramente que, quaisquer que sejam as suas intenções, os governos escolheram o caminho da catástrofe.

O crescimento econômico torna-se, então, análogo ao crescimento das células cancerosas, que consomem o corpo do seu hospedeiro.

O ministro das Finanças da Noruega, S. Johnsen, declarou, na mesa-redonda sobre Desenvolvimento Sustentável, realizada em Oslo em fevereiro de 1995, que

> [...] está além de qualquer dúvida que se deve dar um novo conteúdo ao crescimento econômico, e que padrões de produção e consumo devem ser redirecionados rumo à sustentabilidade. A continuação dos padrões atuais poderá prejudicar o futuro das gerações vindouras, e não apenas o meio ambiente e a qualidade de vida dessas gerações, mas também a oferta de empregos e a atividade econômica.

A Agenda 21, documento produzido durante a Conferência das Nações Unidas para o Meio Ambiente (CNUMAD), realizada no Rio de Janeiro em junho de 1992, que contém os princípios a serem adotados para se alcançar o desenvolvimento sustentável, acentua: "[...] as maiores causas da continuada deterioração do meio ambiente global são os insustentáveis padrões de produção e consumo, particularmente nos países industrializados". Mas o apelo, também entre as sociedades não industrializadas, a tais padrões de produção e consumo põe em xeque nosso conceito de desenvolvimento e o materialismo de nossa cultura.

Da forma que o crescimento econômico vem sendo conduzido há várias décadas, verifica-se a externalização dos custos sociais e ambientais e o alargamento das desigualdades sociais e econômicas entre as nações e no interior delas. O Relatório de

Desenvolvimento Mundial de 1992 do Banco Mundial revela uma redução do PNB *per capita* de 49 países na década de 1980. Em sua maioria, esses países — com mais de 850 milhões de indivíduos — possuem economias de baixa renda, basicamente agrárias, com um crescimento demográfico acelerado e uma degradação extensiva de suas florestas, campos e terras agricultáveis. Como um sinal claro de que o crescimento econômico permanente, no atual estágio de produção industrial e de *quantum* populacional, é insustentável — não apenas para esses países, mas para o planeta como um todo —, o índice de expansão da economia mundial vem caindo paulatinamente, como fica demonstrado na tabela a seguir (com dados do Banco Mundial, do Fundo Monetário Internacional e do Programa das Nações Unidas para o Desenvolvimento):

Tabela 3
Crescimento da economia mundial

Década	anual (%)	anual *per capita* (%)
1950-60	4,9	3,1
1960-70	5,2	3,2
1970-80	3,4	1,6
1980-90	2,9	1,1
1990-93	1,4	-0,3

Fonte: Worldwatch Institute, 1995.

Em 1994, a economia global cresceu 3,2%, e em 1995, 3,5%. Esse crescimento — que elevou a renda *per capita* mundial em cerca de 2% em cada um desses dois anos — foi liderado pelos países em desenvolvimento, cuja expansão de bens e serviços ultrapassou 6% a.a. A acelerada globalização da economia, com base no grande crescimento do mercado financeiro e do mercado de bens supérfluos, contribuiu decisivamente para reverter a tendência de queda do índice de crescimento econômico que já vinha se manifestando havia mais de duas décadas. A questão é saber até quando tais índices poderão ser mantidos, e a que custos ambientais e sociais (a globalização econômica tem apresentado uma forte propensão para concentrar renda).

Uma das características de diversos modelos de desenvolvimento adotados até o presente é a "internalização do lucro e externalização dos custos". São empreendimentos de diferentes tipos, mas todos visando apenas o máximo de lucro no menor tempo possível, sem preocupações de natureza ambiental e social. Saudados como alavancas de progresso pelas autoridades, cujos únicos e estreitos parâmetros são o aumento da receita de impostos e da oferta de empregos, quando não apenas benefícios pessoais, tais empreendimentos provocam — a curto e médio prazos — danos ambientais que terão — a médio e longo prazos — conseqüências socioeconômicas tais que, num balanço custo-benefício, se revelam totalmente desaconselháveis (como acontece freqüentemente com empreendimentos imobiliários). Em resumo, é preciso avaliar a eficácia econômica prioritariamente em termos macrossociais e ambientais, e não apenas segundo critérios microeconômicos de lucro das empresas.

O atual sistema de contabilização macroeconômica (ver "Contabilidade Ambiental", mais adiante) dificulta a avaliação das conseqüências da degradação ambiental e das restrições inerentes impostas pela capacidade-suporte dos sistemas naturais sobre a economia. Não podemos, portanto, apurar com precisão se, pela destruição da base de recursos, estamos efetivamente progredindo ou se estamos regredindo. A Malásia, por exemplo, cuja economia conheceu uma rápida expansão nos últimos anos, tornando-se um dos "tigres asiáticos", tem como principal fonte de renda a exploração de seus recursos florestais, marcadamente a madeira retirada de florestas primárias. Ao contrário da Coréia do Sul, cuja economia é baseada na indústria, a exploração irracional dos recursos naturais por parte da Malásia poderá levar a economia ao estrangulamento, caso não substituam essa atividade extrativa por indústrias.

Mais e mais evidências indicam que a produtividade dos sistemas biológicos da Terra surge como um constrangimento ao crescimento da economia e, em última instância, ao da população. Isso se torna mais evidente no Terceiro Mundo, onde a produtividade decrescente das florestas, campos e, em alguns países, da agricultura tem reduzido o padrão de vida.

A tese do crescimento está arraigada no sistema de valores da civilização humana, mas o crescimento conjunto da população e da economia tem um efeito explosivo sobre a biosfera. Lorenz é bastante enfático quando afirma que o prazer pelo crescimento não é a única motivação que está levando a humanidade à destruição.

> Outras poderosas programações instintivas — a ambição pelo poder, o empenho pela obtenção de *status* — também nos arrastam na mesma direção. É uma luta inglória e desesperada para obter o reconhecimento de que empreendimentos de dimensões moderadas são desejáveis, de que a descentralização dos meios de produção é necessária de modo incondicional e de que a aceleração do ritmo de crescimento econômico precisa ser interrompida, se não invertida, contra o sistema tecnocrático que atualmente domina todo o mundo (Lorenz, 1973).

A conjugação do crescimento econômico com o crescimento populacional tem um efeito catalisador no processo de exaustão dos recursos naturais. Para se ter uma idéia da sinergia dessa combinação, considerem-se as reservas mundiais de gás natural. A partir de 1990, as reservas conhecidas durariam 60 anos, se o consumo se mantivesse no nível daquele ano. Caso o consumo continue a aumentar a 3,5% ao ano (taxa histórica dos últimos 20 anos), Meadows (1992) avalia que, mesmo com reservas quatro vezes maiores — que durariam 240 anos, com o índice de consumo de 1990 —, elas esgotar-se-iam em 64 anos, isto é, em 2054, e não em 2230.

Uma demonstração clara de que índices de crescimento aparentemente inofensivos resultam, ao longo dos anos, em montantes surpreendentes é a questão do aumento da população nigeriana. A Nigéria era habitada, em 1990, por 118 milhões de pessoas, com uma taxa anual de crescimento demográfico de 2,9%, o que duplica o total de nigerianos a cada 24 anos. Com essa taxa, em 2014, a população será de 236 milhões e, em 2086 (um século após 1990), de 1 bilhão e 888 milhões de indivíduos, isto é, haverá 16 nigerianos para cada um existente em 1990!

A Conferência Mundial de Energia, realizada em 1989, projetou — caso o crescimento demográfico e econômico global persistam — um aumento de demanda da energia mundial de 75% em torno do ano 2020, energia esta cujo fornecimento continuará a ser predominantemente de combustíveis fósseis (não renováveis): petróleo, gás e carvão. Atualmente, 88% da energia comercial utilizada no mundo provém de combustíveis fósseis. O fluxo de energia da economia mundial cresceu 60 vezes entre 1860 e 1985, e continua a crescer irregularmente, mas de forma inexorável. A exaustão das reservas de petróleo não se dará subitamente, mas, pouco a pouco, serão realizados maiores esforços com menores retornos. Das enormes reservas de petróleo norte-americanas, resta menos da metade. As demandas do consumo têm de ser cada vez mais atendidas pelas importações.

Denis Meadows (1992) demonstra como o capital industrial cresce exponencialmente: novas máquinas e fábricas geram outras máquinas e fábricas. Uma fábrica de porcas e parafusos não apenas fornece material para outras indústrias montarem seus equipamentos, mas também para outras fábricas de porcas e parafusos. Mais fábricas tornam possível a construção de mais fábricas, pela forma interconectada de auto-abastecimento e de abastecimento cruzado desenvolvida pela economia industrial. Não é por acaso que o mundo espera que a economia cresça — a partir de si mesma — todo ano, não importa o índice. Trata-se da expectativa de um crescimento exponencial que só pode ser realizado porque o capital tem capacidade de se auto-reproduzir.

> Uma economia crescerá exponencialmente sempre que a auto-reprodução do capital não for constrangida por variações de demanda, disponibilidades de mão-de-obra, energia e matérias-primas, confiança do investidor, por incompetência ou por qualquer uma das centenas de fatores que podem limitar a produção de um complexo sistema de produção (Meadows, 1992:22).

Independentemente das evoluções tecnológicas que nos permitirão obter maior eficiência na utilização dos recursos do planeta, no tratamento de rejeitos e no reaproveitamento de materiais, as evidências atuais permitem que se chegue às seguintes conclusões:

1) A sociedade humana utiliza recursos e produz resíduos a uma taxa insustentável.

2) Essas taxas excessivas de fluxo de energia e materiais não são necessárias. Progressos tecnológicos, mudanças institucionais e na distribuição de recursos podem reduzi-las enormemente e até mesmo melhorar a qualidade média de vida da população mundial. Mas, mesmo com técnicas e instituições muito mais eficientes, os limites do planeta para abrigar pessoas e capitais estão razoavelmente próximos (Meadows, *op. cit.*).

Caso se deseje evitar uma diminuição irreversível do capital natural na sua dupla função de fonte de matérias-primas e de receptáculo de rejeitos, é preciso manter sob controle esse fluxo de energia e de materiais. Essa será seguramente uma tarefa impossível enquanto se buscar o crescimento econômico de forma dogmática. Líderes políticos e economistas, em todo o mundo, receitam o crescimento econômico como o remédio mágico para a pobreza, o desemprego, as crises fiscais, as indústrias em apuros e uma miríade de outras doenças sociais. Contestar a "sabedoria" do crescimento soa quase como uma blasfêmia, de tal forma ele está arraigado nos valores da coletividade.

2. Desenvolvimento Sustentável

Em dezembro de 1983, o secretário-geral das Nações Unidas encarregou a atual primeira-ministra da Noruega, Gro Harlem Brundtland, de criar e presidir uma comissão especial para analisar os conflitos entre desenvolvimento econômico e proteção ambiental, propondo soluções. Criou-se, então, a Comissão Mundial sobre Meio Ambiente e Desenvolvimento da

ONU, que, em 1987, publicou os resultados em um livro intitulado *Nosso futuro comum*. Segundo a comissão, desenvolvimento sustentável "é aquele que atende às necessidades do presente sem comprometer a possibilidade de as gerações futuras atenderem às suas próprias necessidades". A União Internacional para a Conservação da Natureza (IUCN) considera desenvolvimento durável aquele que contempla a melhoria das comunidades humanas respeitando a capacidade de carga dos ecossistemas.

O desenvolvimento sustentável exige da sociedade que suas necessidades sejam satisfeitas pelo aumento da produtividade e pela criação de oportunidades políticas, econômicas e sociais iguais para todos. Ele não deve pôr em risco a atmosfera, a água, o solo e os ecossistemas, fundamentais à vida na Terra. O desenvolvimento sustentável é um processo de mudança no qual o uso dos recursos, as políticas econômicas, a dinâmica populacional e as estruturas institucionais estão em harmonia e reforçam o potencial atual e futuro para o progresso humano. Apesar de reconhecer que as atividades econômicas devem caber à iniciativa privada, a busca do desenvolvimento sustentável exigirá, sempre que necessário, a intervenção dos governos nos campos social, ambiental, econômico, de justiça e de ordem pública, de modo a garantir democraticamente um mínimo de qualidade de vida para todos.

Contudo, o desenvolvimento sustentável, por enquanto, é apenas um conceito, uma formulação de objetivos, e tem sido incluído, cada vez mais, na retórica desenvolvimentista, nos discursos dos que pregam o crescimento econômico constante. É um novo instrumento de propaganda para velhos e danosos modelos de desenvolvimento. Por isso, o desenvolvimento sustentável corre o risco de tornar-se uma quimera.

Apesar de vários exemplos bem-sucedidos tanto na exploração de matérias-primas renováveis como nas áreas industrial e rural, a verdade é que provavelmente nunca alcançaremos, em escala global, a sustentabilidade do atual padrão de consumo de nossa civilização. Como falar em desenvolvimento sustentável em um mundo que expandiu a sua economia em quase seis vezes desde 1950, e que, somente ao longo desta década, acrescentará um bilhão de pessoas ao seu contingente populacional? Com uma produção anual de US$ 20 trilhões em 1985, a economia global gerou, em apenas 17 dias, o que levou um ano inteiro para ser produzido em 1900. Em menos de dois meses e meio de 1990, a produção foi igual à dos 12 meses de 1950! As últimas quatro décadas conheceram um crescimento econômico maior do que o ocorrido desde o início da Antiguidade até 1950. O comércio internacional cresceu ainda mais rápido: a exportação de produtos primários e de manufaturados aumentou mais de 15 vezes entre 1950 e 1997.

Obstáculos ao Desenvolvimento Sustentável

Desde o início da década de 1950 até a década de 1990, três fatores predominantes têm contribuído para as pressões excessivas que atuam sobre os sistemas naturais da Terra: a duplicação da população mundial, a quintuplicação da produção econômica global e o alargamento do abismo entre ricos e pobres. Em relação a este último fator, é necessário lembrar alguns dados que demonstram as diferenças entre os países do hemisfério norte e o resto do globo.

As nações da Organização para a Cooperação e Desenvolvimento Econômico (OCDE), com menos de 21% da população (1997) e 24% das terras do planeta, são responsáveis por: 72% do produto mundial bruto, 73% do comércio internacional, 70%

do consumo de energia (74% da comercial e 15% da energia de biomassa), 75% do consumo de metais e possuem 78% de todos os veículos.

Esses países consomem ainda, a cada ano: cerca de 90% da produção mineral mundial dos três metais mais utilizados — ferro, alumínio e cobre —, 81% do papel, 61% da carne e 76% da madeira comercializada (Durning *in* Brown, 1991).

Os países da OCDE são, ao mesmo tempo, responsáveis por 45% das emissões de óxidos de carbono, 40% das de óxidos de enxofre e 50% das de óxidos de nitrogênio, além de produzirem 60% dos rejeitos industriais. O europeu médio, por exemplo, utiliza de 10 a 30 vezes mais energia comercial que o habitante médio de um país em desenvolvimento, enquanto o norte-americano consome cerca de 40 vezes mais.

Os dados comparativos de consumo de energia variam bastante de autor para autor. Entretanto, mesmo os índices que tornam mais estreitas as diferenças de consumo energético entre os povos ricos e pobres são suficientes para demonstrar que os atuais impactos provocados pela utilização de recursos, por parte dos países ricos, são ainda bem maiores do que os provocados pelos países pobres, apesar de estes possuírem uma população 3,5 vezes maior. Os 2,6 milhões anuais de novos norte-americanos causam, em um certo sentido, maior degradação ambiental do que os 34 milhões de novos chineses e indianos. Naturalmente, os impactos causados à biosfera são resultado não apenas do tamanho da população, mas também do consumo de recursos e das tecnologias utilizadas na produção. Os impactos podem ser medidos pelo produto desses três fatores. Mas, como os dois últimos não estão disponíveis de forma abrangente e confiável, o consumo *per capita* de energia comercial pode substituí-los satisfatoriamente. A energia é utilizada para explorar matérias-primas, para transformá-las em mercadorias úteis, para transportá-las e para consumi-las. As atividades humanas que causam os maiores impactos são, via de regra, as que consomem mais energia.

Paul Ehrlich (1994), professor de Estudos Populacionais e Ciências Biológicas da Universidade de Stanford, mostra-nos como essa equação é desfavorável aos povos ricos. Apesar de dominarem tecnologias de produção e de controle de poluição muito mais avançadas e de terem maiores cuidados com o meio ambiente do que os países em desenvolvimento, as nações ricas ainda provocam os maiores danos ao planeta. Apesar de abrigarem muito menos gente, elas respondem por 2/3 da destruição ambiental global, medida em termos de uso de energia. Em 1990, segundo Ehrlich, o consumo médio de energia comercial, entre os povos ricos, foi de 7,4 kW por cidadão, enquanto nos países pobres o consumo foi de 1,0 kW. Com uma população de 1,2 bilhão de indivíduos, o impacto causado pelos ricos foi de 1,2 bilhão x 7,4 kW= 8,9 kW. Já os pobres, com 4,1 bilhões de habitantes, consumiram 4,1 bilhões x 1,0 kW= 4,1 tW. Portanto, em 1990, o impacto causado ao meio ambiente pelo conjunto de países ricos foi mais de duas vezes superior ao dos países pobres. A questão que se impõe, no entanto, é avaliar o resultado do aumento da população destes países, multiplicado pela elevação do nível de consumo de seus habitantes.

A dívida externa dos países do Terceiro Mundo é um dos maiores desafios à adoção de políticas socioeconômicas ambientalmente sãs. No período 1973-1983, os empréstimos à América Latina — na forma de assistência ao desenvolvimento — subiram de US$ 35 bilhões para US$ 350 bilhões, um aumento de dez vezes. Os recursos estavam prontamente disponíveis, em condições atraentes, e isso relaxou os cuidados dos que emprestavam e dos que tomavam emprestados. Por conseguinte, em vez de ser aplicada em programas de desenvolvimento econômico sustentável, grande parte desses empréstimos foi desviada para outras áreas, como a compra de custosos equipamentos militares. A partir da década de 1970, as despesas militares, na América Latina, subiram mais de 10% ao ano, enquanto na África o aumento médio foi de 18% anuais. Calcula-se que aproximadamente 20% da dívida externa do Terceiro Mundo tenha sido aplicado em armamentos.

Um sem-número de empréstimos para desenvolvimento foi aplicado em projetos de grande escala malsucedidos. Nas Filipinas, por exemplo, uma usina nuclear financiada por moeda estrangeira nunca pôde entrar em operação por ter sido construída próxima a um vulcão ativo. Isso custa ao povo filipino US$ 500 mil por dia, na forma de juros! Os exemplos brasileiros de empréstimos externos desperdiçados são inúmeros, como as rodovias Transamazônica e Perimetral Norte e a Ferrovia do Aço, entre diversos outros. O total da dívida externa dos países em desenvolvimento era superior a US$ 1,3 trilhão (1995). Em 1980, o fluxo líquido de fundos dos países industrializados para o Terceiro Mundo foi de US$ 40 bilhões. Mas, a partir de 1983, esse fluxo começou a mudar de sentido. Em 1990, o Terceiro Mundo pagava mais de US$ 20 bilhões por ano aos emprestadores, como serviço da dívida, já descontadas novas ajudas e empréstimos.

O impacto ambiental dos atuais 6 bilhões de habitantes da Terra (1999) é amplamente multiplicado por sistemas econômicos e sociais que fomentam o crescimento e o consumo supérfluo em detrimento da eliminação da miséria e da redução das desigualdades. Com isso, perpetuam-se as condições às quais pobreza e crescimento demográfico acelerado se encontram estreitamente ligados (Postel *in* Brown,1994). As desigualdades de renda sem dúvida constituem um dos mais colossais obstáculos (ao lado dos outros dois fatores anteriormente citados) ao desenvolvimento sustentável. O Programa das Nações Unidas para o Desenvolvimento, em seu *Relatório de desenvolvimento humano de 1992*, revela como cresceram essas desigualdades, como vemos a seguir:

Tabela 4
Divisão da renda global (em %) pelos 20% mais ricos e os 20% mais pobres

Ano			Relação entre mais ricos e mais pobres
1960	70,2	2,3	30 para 1
1970	73,9	2,3	32 para 1
1980	76,3	1,7	45 para 1
1989	82,7	1,4	59 para 1

(Em 1991, tal relação atingiu 61 para 1, e em 1994, 78 para 1.)

O exemplo mais assustador do processo de concentração de riqueza provocado pelo modelo econômico-social que a maioria dos países do mundo adotou, inclusive o Brasil, vem dos Estados Unidos. Como as distorções da economia norte-americana provocaram a concentração de 52% da renda do país nas mãos de somente 20% da sua população (Galbraith, 1992), e como os Estados Unidos detêm 1/4 da riqueza mundial, basta uma simples regra de três para verificar-se que esses 20% dos norte-americanos, ou seja, menos de 1% da população mundial, possui 13% de toda a riqueza do planeta! Em 1998, as fortunas somadas das

225 pessoas mais ricas do planeta representavam US$ 1 trilhão, igual à renda anual acumulada dos 2,5 bilhões de pessoas mais pobres.

Como se vê, os insustentáveis índices de concentração de renda não crescem apenas entre os países industrializados e o restante do mundo, mas igualmente dentro das sociedades desses países. Nos Estados Unidos, em 1970, os 20% mais ricos possuíam uma renda quatro vezes maior do que a dos 20% mais pobres. Essa relação aumentou para 13 vezes em 1993. Já a Grã-Bretanha presenciou um crescimento no índice de desigualdade de renda de 4 por 1, em 1977, para 7 por 1, em 1991. No Brasil, essa relação era, em 1995, de 32 por 1 (Relatório de desenvolvimento humano de 1995, PNUD).

Maurice Strong, secretário-geral da Conferência das Nações Unidas para o Meio Ambiente e Desenvolvimento (Rio-92), observou que os países do hemisfério sul, sobretudo os menos desenvolvidos, tornaram-se vítimas — mais que beneficiários — da globalização da economia mundial. "A interdependência", afirma ele, "tornou suas frágeis economias altamente vulneráveis às mudanças das condições econômicas mundiais, sobre as quais eles não têm controle algum."

Os países em desenvolvimento, em sua grande maioria, exportam matérias-primas — produtos vegetais brutos e minerais — que encontram preços depreciados nos mercados internacionais, e precisam exportar cada vez mais e maiores quantidades para poder comprar manufaturados dos países industrializados, com preços que se mantêm em patamares elevados. Isso contribui ainda mais para a queda dos preços. Entre 1973 e 1988, a cotação internacional do açúcar variou de US$ 0,65/kg a US$ 0,8/kg. Apenas entre 1984 e 1986, os Estados Unidos pouparam cerca de US$ 65 bilhões em importações de matérias-primas do Terceiro Mundo, devido à queda de preços. Somente em 1986, os preços declinantes dos produtos primários reduziu os lucros da África subsaariana em US$ 19 bilhões, cerca de quatro vezes o que foi prometido à região como ajuda de emergência no mesmo ano. É, assim, fácil entender não apenas os danos econômicos e sociais causados aos países pobres por esse desequilíbrio no mercado internacional, mas também os enormes impactos causados ao meio ambiente dessas nações.

Em 1986, os preços médios das matérias-primas no mercado internacional alcançaram os níveis mais baixos até então registrados neste século, com exceção de 1932, em meio à grande depressão econômica que atingiu o mundo. As cotações de cacau e café, críticos produtos agrícolas de exportação, despencaram — entre 1986 e 1989 — em 48% e 55%, respectivamente. O Banco Mundial prevê que as cotações de matérias-primas não deveriam subir ao longo da década de 1990, em função da alta competição dos países do hemisfério sul, carentes de recursos financeiros em um mercado ofertado.

Tomando como base o ano 1990 (valores de referência = 100), a tabela a seguir revela como os preços dessas matérias-primas vêm despencando.

Tabela 5
Índice de preços de algumas matérias-primas

	1980	1985	1990	1992
petróleo	199	183	100	76
madeira	129	94	100	112
metais e minerais	134	105	100	83
produção agrícola não alimentar	179	126	100	82

A exceção foi a madeira, cuja cotação subiu 12% entre 1990 e 1992. Contudo, em 1980, o seu preço estava 29% mais elevado do que dez anos mais tarde. Também entre 1980 e 1992, a cotação do açúcar caiu de US$ 1,9/kg para US$ 0,19/kg, uma queda de 81%.

Uma das razões determinantes dessas distorções do mercado internacional é a idéia de que o livre comércio internacional é a panacéia para a economia mundial. O escritor norte-americano E. Luttwak, alto funcionário do Departamento de Defesa dos Estados Unidos, sustenta que é absurda a noção de que o livre comércio, a competição aberta entre indivíduos, nações e empresas, é a única e inevitável forma de capitalismo. "Esse determinismo é irmão gêmeo das certezas da esquerda no passado, segundo as quais a história levava inevitavelmente ao comunismo."

Apesar dessas distorções, o comércio internacional pode desempenhar um papel importante, embora limitado, na procura da sustentabilidade da civilização humana. Além de auxiliar no acesso a tecnologias benéficas, ele permite que um país importe capital ecológico de outro, superando escassez de madeira, terra, alimentos, água ou qualquer outro recurso natural. A união dos países exportadores de matérias-primas, nos moldes da promovida pelos produtores de petróleo, seria adequada para sustentar os preços de suas exportações. Dessa forma, esses países alcançariam valores mais justos por seus produtos e protegeriam seus recursos naturais da exploração irracional, praticada, hoje em dia, pela maioria das nações em desenvolvimento.

Além de condições de troca mais favoráveis entre os países, de significativa redução do fardo do serviço da dívida e do fluxo de recursos financeiros do Sul para o Norte, será também necessária a eliminação de barreiras protecionistas impostas pelos países industrializados e a facilitação do acesso das nações pobres a tecnologias que aumentem a produtividade da economia — minimizando os impactos sobre o meio ambiente —, em especial as técnicas desenvolvidas com inequívocas preocupações ambientais. A utilização mais discriminada e prudente da tecnologia possibilita enormes ganhos na produtividade e eficiência no uso dos recursos, ajudando a retirar mais de cada hectare de terra cultivada, de cada tonelada de madeira, de cada metro cúbico de água. Dessa forma, novas tecnologias podem auxiliar o planeta a sustentar a civilização do homem.

Os obstáculos para o desenvolvimento sustentável não são apenas a esgotabilidade das reservas minerais e a utilização de recursos renováveis em velocidade maior do que a sua reposição, mas igualmente a disposição das enormes quantidades de rejeitos (sólidos, líquidos e gasosos) gerados pela sociedade de consumo. Poucas pessoas têm compreensão do percurso dos materiais desde a extração até o despejo final. Um estudo de fluxo de massa de recursos naturais nos Estados Unidos revela que, no início da década de 1990, de dez toneladas produzidas por pessoa-ano, 75% proviam de materiais não renováveis. É na extração desses minérios que se produz a maior quantidade de resíduos. Além disso, mais de 90% dos materiais empregados na produção de bens duráveis são convertidos em resíduos, causando enormes impactos sobre o meio ambiente. A indústria norte-americana devora em torno de 2,7 bilhões de toneladas de matérias-primas por ano. sem considerar minerais não metálicos, como areia e pedra.

Se considerarmos, entretanto, o fluxo total de matérias-primas — visível ou não, direto ou indireto, importado ou doméstico, como, por exemplo, o minério de onde se retira o metal, a biomassa de plantações ou da agricultura que é removida e não aproveitada, o material escavado em diferentes atividades e a erosão do solo —, o fluxo de massa de cada cidadão americano era, em 1994, de 84 toneladas por ano! (World Resources Institute *et al.*, 1997.)

O ciclo de vida de uma mercadoria é muito maior para a ecologia do que para a economia. Para um economista, o ciclo de vida de um automóvel começa com a exploração do minério de ferro e termina quando ele é pago e sai da revendedora. A partir daí, fará apenas parte de estatísticas. O ciclo da gasolina, da mesma forma, encerra-se no tanque de algum veículo. Para o ambientalista, contudo, o ciclo do automóvel — por exemplo — prossegue muito além. Ele continua ao longo da sua utilização (através de seus impactos), com a necessidade de abertura de vias e de pavimentação que permitam o tráfego do automóvel, com a transformação em sucata, com a permanência na paisagem, freqüentemente por muitos anos, e, finalmente, com a disposição das partes não aproveitadas em aterro sanitário. O ciclo da gasolina iniciou-se muitos milhões de anos antes da sua descoberta, com a decomposição de plantas e animais. Continua com as emissões de poluentes, quando a gasolina é queimada, e culmina com os efeitos dessas emissões sobre as florestas, sobre o clima global e a saúde das pessoas.

A renúncia ao crescimento contínuo da produção e do consumo, proposto como a principal solução para as questões econômico-sociais (e políticas), não significa, absolutamente, condenar o desvalido à sua miséria. O aumento de renda e de consumo material, até um certo ponto, é essencial para melhorar as condições de vida da maioria dos habitantes dos países em desenvolvimento. Mas, ao contrário do que os líderes políticos propugnam, o crescimento econômico global, tal como é perseguido atualmente, não é a solução para a pobreza. Não obstante o aumento de seis vezes da economia mundial desde 1950, mais de 1,2 bilhão de pessoas — a maior quantidade jamais alcançada — vivem praticamente em miséria absoluta. Dados da Organização Mundial de Saúde, preparados para a Eco-92, revelam que chega a três milhões o número de crianças que morrem, anualmente, por doenças causadas por superpopulação, moradias insalubres e falta de saneamento básico. O documento intitulado *Nosso planeta, nossa saúde* aponta a degradação ambiental como causa de pelo menos 75% das mortes no mundo, ou seja, quase 37 milhões de pessoas. Ao todo, mais de dois bilhões de seres humanos vivem, hoje, em ambientes prejudiciais à saúde.

Em vez de considerar os objetivos ecológicos como opostos sistematicamente aos objetivos econômicos, deve-se levar em conta que os sistemas econômicos dependem dos sistemas naturais que tornam possível a vida sobre a Terra. É preciso assimilar aos nossos valores e às nossas ações a noção de complementaridade entre o capital natural e o capital feito pelo homem. Não pode haver progresso onde o meio ambiente é negligenciado, poluído, superexplorado e degradado; torna-se óbvio que as atividades do homem não são sustentáveis em condições ambientais declinantes.

A Exploração Racional de Recursos Naturais Renováveis

A exploração de ecossistemas de forma seguramente sustentável é ainda muito pouco conhecida. Em muitos casos, a exploração de recursos florestais (silvicultura) não é sequer economicamente viável. Mas mesmo quando a exploração racional não predatória é possível, a ganância (ou a ânsia pelo lucro fácil e imediato) torna-se o maior obstáculo. A Costa do Marfim, um país africano, conheceu uma expansão econômica fantástica nas décadas de 1960 e 1970, enquanto suas florestas, ricas em madeiras de lei, exportavam US$ 300 milhões anuais. Esse tipo de desenvolvimento tornou-se um modelo para o resto da África. Como nos demais países do continente, a Costa do Marfim dizimou suas florestas, e no início da década de 1990 as exportações haviam sido reduzidas em 90%, não atingindo mais que US$ 30 milhões por ano.

Há, entretanto, inúmeros exemplos de exploração racional de matérias-primas em florestas tropicais. Apesar da escala reduzida, são importantes referências para se alcançar o desenvolvimento sustentável. No Brasil, mais precisamente na cidade de Tomé Açu, 210 km ao sul de Belém, vive uma comunidade japonesa que há mais de 60 anos pratica uma forma de agricultura sustentável.

Os fazendeiros de Tomé Açu enfrentam as mesmas dificuldades ambientais que afligem todos os agricultores que se encontram na floresta amazônica, isto é, solo pobre em nutrientes, com alta concentração de metais, e chuva intensa. O que os distingue dos demais fazendeiros são as atitudes em relação à terra e as práticas de cultivo. A agro-silvicultura por eles desenvolvida reflete o padrão da sucessão natural. Depois que uma parcela do terreno é aberta, ela é cuidadosamente cultivada. Colheitas de crescimento rápido, como arroz, algodão e feijão, são plantadas de permeio com culturas perenes, como pimenta-preta (*Piper nigrum*) e maracujá (*Passifloria edulis*), seguidas por plantações intercaladas de cacau e borracha, cujas árvores servem, ainda, de substrato para a cultura de epífitas, como a orquídea baunilha (*Vanilla sp*). Cada produto da lavoura pode ser utilizado para alimentar o plantio de outro.

Como muitos outros sistemas agrícolas, o de Tomé Açu consome muito tempo e trabalho físico. Entretanto, a alta utilização de mão-de-obra é compensada por técnicas de agricultura ambientalmente sadias, que aumentam a produção ao longo do tempo. Plantas podadas e retiradas para controlar pestes e ervas daninhas são deixadas na área de cultivo para se decomporem, ou, então, são queimadas fora e retornam à área como cinzas. Em ambos os casos, fornecem nutrientes ao solo, dispensando o uso de fertilizantes. Outros resíduos plantares, como os do processamento da pimenta-preta, são utilizados para o controle de insetos. Muitos dos problemas de gerenciamento das colheitas são resolvidos por plantio simultâneo de diferentes espécies, como resultado de uma experimentação contínua.

Embora as propriedades sejam porções unifamiliares de dimensões moderadas (de 20 a 60 ha), certas colheitas, como a baunilha e o cacau, são processadas na fazenda como valores agregados, sendo comercializadas fora dos seus limites. As demais, como látex, maracujá e castanhas para a produção de óleo, são processadas e comercializadas cooperativamente. Os agricultores utilizam serviços que apontam as variações e tendências dos mercados e, com isso, orientam-se sobre o que plantar. Suas estratégias agrícolas e mercadológicas aumentam consideravelmente o rendimento de seus negócios, preservam bastante a diversidade da fauna e da flora nativas e dão sustentabilidade à exploração da terra.

A exploração dos produtos florestais disponíveis é a forma de utilização de florestas tropicais que causa o menor dano ao ambiente natural. Um bom exemplo de manejo de floresta nativa é o patrocinado, desde 1984, pelo museu paraense Emílio Goeldi, que utiliza uma equipe multidisciplinar para aperfeiçoar o sistema de manejo.

A planície de floresta inundada da foz do rio Amazonas possui 25 mil quilômetros quadrados. Devido às suas peculiariedades, é uma área muita cobiçada para agricultura. Essa floresta, com a sua diversidade de espécies de árvores de pequeno porte e uma alta concentração de plantas de alto valor comercial, revela-se ideal para um plano de extração gerenciado.

Os caboclos que participam do projeto gerenciam ativamente os recursos da floresta. Eliminam (ou reduzem) diversas espécies vegetais em benefício daquelas de maior valor econômico. Em locais distantes, que tornam o transporte impraticável, eliminam a palmeira açaí, que em outras regiões é explorada intensamente, pois suas raízes densas ameaçam o crescimento das mudas de cacau. Estas são plantadas em volta da base da palmeira buriti (*Mauritia flexuosa*). O buriti retém detritos em sua base, formando um colchão rico em nutrientes para os jovens cacaueiros. Cada vila de caboclos possui áreas gerenciadas de floresta que se desenvolvem por meio de replantio seletivo de certas plantas e também cultiva espécies econômicas em jardins caseiros. Em reforço às culturas convencionais, essas práticas produzem uma alta variedade de produtos extraídos da floresta, como frutas comestíveis, madeiras, fertilizantes orgânicos, produtos de palmáceas, mel e plantas medicinais. Essas técnicas e estratégias de exploração de recursos florestais estão sendo estudadas em três localidades distintas no estuário do rio Amazonas.

Bases para o Desenvolvimento Sustentável

A Universidade de Tufts, de Massachusetts (EUA), lançou, em 1991, o Programa para o Estudo de Mudanças e Desenvolvimento Sustentável. O primeiro texto divulgado, como parte do *Discussion Paper Series*, é de autoria de Robert McNamara, ex-secretário de Defesa dos Estados Unidos (1961-1968) e ex-presidente do Banco Mundial (1968-1981). No texto, McNamara aborda a crise norte-americana e o desafio do desenvolvimento sustentável nos Estados Unidos e no mundo, e aponta sete prioridades para reverter a crise americana e mundial e ajudar a colocar o mundo — segundo sua visão — no caminho da sustentabilidade econômica. São elas:

— Recuperação dos sistemas educacionais primários e secundários. — Segundo a avaliação do maior especialista norte-americano em produtividade, Edward Denison, a poupança foi responsável por cerca de 30% do desenvolvimento econômico dos Estados Unidos entre 1929 e 1982, enquanto os outros 70% podem ser atribuídos à melhoria da quantidade e da qualidade da educação e aos avanços da ciência e da tecnologia.

— Estímulos à ciência e tecnologia. — Poucas coisas, no século XXI, serão tão importantes para o desenvolvimento sustentável quanto o avanço do conhecimento científico e sua aplicação aos métodos de produção e aos bens de consumo.

— Reverter a deterioração da infra-estrutura física. — Obras públicas formam o esqueleto que sustenta um país em funcionamento, mas esse sistema-suporte está se tornando — também no caso brasileiro — cada vez mais inadequado, à medida que os gastos públicos são reduzidos. Tradicionalmente os políticos optam por obras novas — com freqüência, de importância duvidosa, mas que os promovem — em lugar da recuperação da infra-estrutura existente. Sistemas de transporte público, aeroportos, pontes, ferrovias, estradas, vias urbanas, sistemas de abastecimento e tratamento de água, de captação e tratamento de esgotos, de coleta e disposição de lixo, escolas e hospitais públicos encontram-se em processo de deterioração. Investir nesses equipamentos sociais já existentes, além de gerar uma massa de empregos em todos os níveis, significa uma redução de peso no desperdício do dinheiro público.

O Conselho Europeu decidiu, em dezembro de 1993, investir vários bilhões de dólares em obras públicas, com o objetivo de atenuar o grave problema de desemprego que assola o continente. Além da manutenção da infra-estrutura de transporte, os novos investimentos iriam fornecer à Comunidade Européia mais de 55 mil quilômetros de novas ferrovias, auto-estradas, canais e portos.

— Providenciar um sistema de saúde eficiente para as classes mais pobres. — O enorme custo social (e político) da baixa qualidade do atendimento médico dispensado à população brasileira reduz as possibilidades de se alcançar o desenvolvimento sustentável. Além dos pesados gastos com instalações e equipamentos médicos, remédios e tratamentos, há diminuição da capacidade de trabalho e um grande desperdício de horas trabalhadas. Para se atingir o progresso do sistema público de saúde, é fundamental a adoção de medidas preventivas, principalmente o saneamento básico.

— Diminuição dos desníveis de renda entre os diversos extratos sociais. — Em um mundo cada vez mais movido pela cupidez, o que se verifica é o aumento do abismo entre ricos e pobres (ver tabela 4). Dentro da tendência mundial, McNamara revela que, nos Estados Unidos, os ricos ficaram mais ricos. Entre 1981 e 1990, a renda média dos que se encontravam entre os 20% mais ricos aumentou em 25% após o pagamento de impostos. A classe média ficou mais pobre. Entre 1983 e 1990, um indivíduo médio pertencente a essa faixa social teve a sua renda diminuída em 5%. O número de norte-americanos situados abaixo da linha de pobreza aumentou em 28% entre 1978 e 1988. Uma em cada cinco crianças encontrava-se, em 1987, nessa faixa. No início de 1996, a organização filantrópica Second Harvest informou que estava distribuindo alimentos para 26 milhões de famintos, cerca de 10% da população americana. A organização mantém 185 centros de distribuição e, através de 50 mil agências, faz chegar as refeições aos necessitados, alojados em abrigos para sem-teto ou instituições religiosas que atendem os pobres. Apesar de assustador, esse total de necessitados pode ser bem maior. Segundo avaliação da Second Harvest, a distribuição de alimentos deverá chegar, em sete anos, a quatro vezes o montante atual.

Infelizmente, essa sociedade norte-americana, em termos de produção e consumo, é o modelo seguido por países que adotam o crescimento econômico como solução para os seus problemas.

— Reduzir a alta taxa de degradação ambiental. — É fundamental o aumento da porcentagem do PNB investido no controle de poluição. Apesar de melhorias localizadas em alguns segmentos das atividades empresariais, a degradação ambiental continua inaceitável na maioria das atividades. Para tanto, será necessário um maior investimento em desenvolvimento tecnológico que promova a substituição de processos industriais e de exploração mineral (e outros) pouco eficientes e, conseqüentemente, poluidores. Os Estados Unidos investem cerca de 2% do seu PNB nesse setor, um percentual seguramente muito mais elevado que o brasileiro. McNamara estima que, em torno do ano 2000, este percentual deverá ser elevado para 2,8%, com aproximadamente 60% a cargo do setor privado.

— Combater o consumo de drogas, a criminalidade e o enorme déficit de moradias. — Estas são questões sociais vitais para que se encontre o caminho do tipo de desenvolvimento que realmente importa, isto é, uma melhoria da qualidade de vida do povo, concentrando-se maiores esforços e investimentos na área social. Para tanto, é necessário que se eleve a percentagem do PNB investido em assistência social.

A Crise do Desemprego

Os sistemas econômicos desenvolvidos no mundo industrial nunca foram capazes de gerar uma oferta suficientemente alta de empregos nem um estado satisfatório do meio ambiente, pelo menos nos últimos 20 anos. Esta é a opinião do ministro das Finanças da Noruega, Sigbjorn Johnsen, que apóia sua tese no fato de que, além da óbvia degradação ambiental, a OCDE, constituída em sua maioria por países europeus, possuía, em 1995, cerca de 35 milhões de desempregados. Apesar de ter alcançado atualmente o maior nível de riqueza de sua história, a Europa enfrenta um índice de desemprego extremamente elevado, atingindo 11% da força de trabalho, sendo que mais da metade está desempregada há longo tempo. O Canadá tinha 11,1% de desempregados em 1993, e os Estados Unidos 6,8%, em outubro daquele ano (com um número crescente de subempregados).

Em novembro de 1993, a revista *Time* constatava, em reportagem de capa, que a histórica oferta e a segurança de empregos que caracterizavam a economia norte-americana haviam terminado. Apesar de um crescimento da economia que, naquele mês, completava 31 meses ininterruptos, a oferta de empregos não havia acompanhado o crescimento. Pelo contrário, as corporações americanas previam um corte de 600 mil empregos até o final de 1993. Esse desemprego em massa começava então a atingir profissionais de alta especialização e experiência, gerentes e diretores de empresas e profissionais de carreira longa e aparentemente estável. Além disso, a maioria dos novos empregos oferecidos pagava salários muito inferiores à tradição do mercado. Atualmente, nos Estados Unidos, poucos mudam de trabalho para ganhar mais. A imensa maioria é forçada a mudar de emprego para ganhar menos. Desde o final da década de 1970, o salário do trabalhador urbano norte-americano vem sendo sistematicamente reduzido, indicando claramente a tendência do atual sistema técnico-industrial.

Dados posteriores da economia norte-americana confirmam essa curiosa e irônica combinação: a do crescimento econômico com o aumento do desemprego. Em 1995, a economia dos Estados Unidos encontrava-se no seu quinto ano de recuperação, tendo se expandido em 4,1% no ano anterior. Contudo, desde 1991, quase 2,5 milhões de empregos foram eliminados. Para agravar essa contradição, os salários reais encontram-se estagnados há mais de uma década, as desigualdades na distribuição de renda pioraram e muitas pessoas têm trabalhado mais tempo e mais duro do que jamais antes. Com base na informatização das empresas — levando-as a uma profunda reestruturação —, o mundo dos negócios está, simultaneamente, eliminando empregos, comprimindo gratificações de trabalhadores e aumentando a sua produtividade para poder sobreviver em um ambiente cada vez mais competitivo. (A poderosa empresa de telecomunicações AT&T planejava eliminar, entre 1996 e 1998, 40 mil empregos.)

Como já foi mencionado, a onda prolongada de desemprego já atingiu também profissionais, executivos e gerentes que perfazem, nos Estados Unidos, mais de 40% dos trabalhadores de "colarinho branco". Aqueles que sobrevivem às reestruturações empresariais, porque não podem ser substituídos por máquinas, estão tendo de trabalhar mais pelos mesmos salários. São, assim como os desempregados, vítimas da produtividade que ajudaram a criar. Apesar disso, esse ganho de produtividade será, na opinião de muitos analistas, a chave da prosperidade no próximo século. Muitas outras inovações técnicas anteriores — tanto na agricultura como na produção industrial — causaram profundos choques nas economias dos países, produzindo desemprego e convulsões sociais. Em geral, essas economias recuperaram-se e obtiveram inquestionáveis ganhos na qualidade de vida de seus povos.

Se as tecnologias de informação são importantes agentes de mudanças, são também instrumentos de esperança. Os que começam cedo a operar com computadores — e esta é uma tendência global e irreversível — e com outras maravilhas da eletrônica terão sempre maiores facilidades de competir no mercado de mão-de-obra. Isso poderá ajudar a reverter a onda de redução do capital humano que tem persistido no último quarto de século. Como sempre, sobreviver a revoluções — de qualquer natureza — pode não ser fácil, mas é possível. Essa moderna tecnologia que promete prosperidade é a mesma que pode reduzir os riscos da poluição ambiental. A questão é: qual o caminho que tomará o seu desenvolvimento? Se for o da busca obsessiva de produtividade do trabalho e do consumo crescente, as soluções para o desemprego crônico e para degradação do meio ambiente ficarão cada vez mais distantes.

Os modelos convencionais de crescimento econômico falharam, até o presente, em resolver o problema do desemprego. A "robotização" industrial, a reestruturação das empresas, a alta competição pelo mercado e outras causas reduzem a oferta de trabalho. Um dos mais destacados articulistas do *New York Times*, A. M. Rosenthal, escreveu que "sobem os lucros e cai o nível de emprego; crescem os ódios e baixam os níveis de civilidade". Essa é uma característica do modelo de desenvolvimento econômico adotado pela civilização industrial: riqueza e desemprego crescentes, como crescentes são a violência, o número dos sem-teto, a toxicomania e a alienação social. "As forças de mercado, sozinhas, não são capazes de produzir uma boa sociedade", segundo a opinião de William Pfaff, em artigo no *Los Angeles Times*. "Os altos níveis de desemprego na Europa Ocidental e nos Estados Unidos, desde a década de 1970, na verdade significaram a transformação de 10% a 20%, ou mais, da força de trabalho, de ativos e remunerados participantes da economia nacional — produtores de riquezas, consumidores e contribuintes do fisco — em dependentes do Estado."

No jargão dos economistas, há uma oferta crescente de seres humanos (mão-de-obra) para uma demanda declinante. Mesmo nas sociedades afluentes, mais gente torna-se supérflua a cada dia que passa. Há algumas décadas, era impensável que o capitalismo de livre mercado viesse a descartar tantos de seus discípulos.

O Encontro Mundial sobre Desenvolvimento Social, promovido pela ONU e realizado em Copenhague, em março de 1995, com a participação de 185 países, enfatiza que, tanto nos Estados Unidos quanto na Europa, cerca de 15% da população vive abaixo do limiar de pobreza, conseqüência principalmente das altas taxas de desemprego. Na América do Sul, a taxa de desemprego variou, entre 1989 e 1991, de 5 a 7%, mas a porcentagem da população vivendo abaixo da linha de pobreza é inquestionavelmente mais elevada do que entre os países da OCDE, em função dos baixos salários (e da freqüente maquiagem de dados estatísticos). Além do mais, mundialmente, ao longo da década de 1990, 42 milhões de indivíduos procuram o mercado de trabalho a cada ano, 39 milhões dos quais nos países em desenvolvimento, já assolados por altas taxas de desemprego e subemprego, principalmente na África e na Ásia.

A persistência dessa questão revela que, apesar do acelerado crescimento das economias no pós-guerra (bem mais elevado do que o aumento da população), a pobreza e o desemprego não são conjunturais, temporários, mas sim estruturais, decorrentes de modelos errados de desenvolvimento. Enquanto a miséria expande-se, o mercado financeiro internacional vive um clima de cassino global, girando mais de US$ 1 trilhão por dia!

Após o colapso do comunismo, a maior ameaça ao Ocidente virá de uma subclasse de desempregados, desabrigados e marginalizados que está sendo criada nas sociedades industriais pós-modernas, segundo avaliação do professor catedrático de assuntos estratégicos da London School of Economics, Christopher Coker. O principal sintoma é o aumento da criminalidade. A Inglaterra, por exemplo, apresenta a maior desigualdade social em 50 anos.

O crescimento econômico baseado no consumo tradicional de recursos e na atual tecnologia de produção dos países industrializados não pode garantir empregos perenes. Ao contrário, ele é uma ameaça não apenas para o ambiente natural, mas também para a própria produção e, por conseguinte, para os empregos. Serviços ambientais e de manutenção, no entanto, podem gerar uma enorme massa de empregos. Produtos e processos que não agridam o meio ambiente, reciclagem de materiais, conservação e recuperação de equipamentos e infra-estrutura, principalmente de serviços, políticas de economia de energia, água e outros recursos naturais, controle de poluição, reflorestamento etc., têm um potencial de empregos suficiente para absorver a grande demanda que a cada ano pressiona o mercado de trabalho, principalmente nos países pobres. São atividades que criam empregos autofinanciáveis pelas economias realizadas na utilização dos materiais e que necessitam de muita mão-de-obra, garantindo empregos permanentes. É um mercado no qual os aspectos sociais, econômicos e ambientais são eqüitativamente considerados.

A exclusão social deve ser combatida não apenas por atividades de produção econômica, mas também pela produção de bens e serviços culturais e nas diversas áreas de ação social, além dos programas de proteção ambiental.

Uma forma importante de integrar políticas econômicas e ambientais é através de sistemas tributários. O desemprego e o subemprego podem ser minimizados pela criação de taxas ambientais, que dariam incentivos às pessoas e às empresas para desenvolverem um comportamento mais "amigável ambientalmente" e, o que é mais importante, funcionaria, a longo prazo, como uma alavanca importante para o desenvolvimento de novas tecnologias. Uma transferência para o meio ambiente de taxas que incidem sobre o trabalho, dentro do princípio "poluidor-pagador", melhoraria os incentivos para a criação de novos empregos e seria altamente benéfica para o ambiente natural.

Países como a Noruega transferiram — com sucesso — parte da carga fiscal que incide sobre a mão-de-obra — e que é elevada em grande parte das economias, como a brasileira — para as indústrias que liberam um alto índice de CO_2. Mas algumas fontes de energia "suja", ao contrário, estão sujeitas a taxas negativas, isto é, recebem subsídios, como é o caso de derivados de petróleo. De qualquer forma, a adoção de taxas ambientais, ou ecotaxas, necessita da participação do maior número possível de países, pois, de outra maneira, as indústrias poluidoras se transfeririam para outras nações, anulando os benefícios ecológicos globais.

Minérios: Recursos Naturais Não Renováveis

Os minerais são, por definição, matérias-primas não renováveis. O esgotamento desses recursos foi a principal fonte de preocupação dos ambientalistas da década de 1970. Ao longo das últimas duas décadas, no entanto, foram descobertas novas reservas para a maioria desses minerais e, a despeito de um aumento global do consumo, os preços dessas matérias-primas (*commodities*) estão, em geral, mais baixos que há 20 anos.

Mais de cem tipos diferentes de minerais são usados diariamente sob muitas formas e combinações. Pedras são usadas para agregados na pavimentação de estradas, para concreto, revestimentos e vários outros usos na construção civil; a mica é utilizada na eletrônica; ouro, prata, cobre, alumínio e outros são encontrados como elementos "nativos"; aço e bronze são fusões de outros minerais; o vidro é produto da combinação de compostos minerais; o sal — de variado uso — é, da mesma forma, um composto mineral.

Os minerais não metálicos são essenciais, por exemplo, para fertilizantes, cujos principais elementos formadores são nitrogênio, fósforo e potássio. O setor industrial depende pesadamente de cerca de 80 minerais. Esses são alguns poucos exemplos de produtos de origem mineral usados pela sociedade moderna.

Não há dúvida de que a crescente sofistificação no desenvolvimento de materiais demanda um número menor de recursos naturais na fabricação de produtos em geral. Por isso, o valor econômico dos produtos finais será — cada vez menos — atribuído às matérias-primas, o que vale também para a geração de energia, na qual a tecnologia tem igualmente um peso crescente nos preços finais de bens e serviços. A indústria automobilística, por exemplo, alcançou uma redução média no peso dos veículos de 25% ao longo da última década, através do uso de plásticos (derivado de petróleo, um recurso igualmente não renovável), alumínio e folhas metálicas de alta resistência. A indústria aeronáutica usa fibras de carbono e ligas ultraleves de alumínio e lítio para atingir o mesmo objetivo. Há, entretanto, limites de ordem física para a redução do uso de matérias-primas, característicos da resistência dos materiais e da 2ª lei da termodinâmica — a da conservação da matéria e da energia —, que enuncia que todas as transformações energéticas são ineficientes e, em uma série de transformações de matéria ou energia, há sempre uma perda progressiva.

Apesar do acelerado progresso tecnológico, com os crescimentos da população e do consumo individual de bens materiais, a situação das reservas de minérios é uma causa de sérias preocupações. Para diversos metais essenciais à civilização industrial, a tendência à exaustão breve é alarmante. O consumo dos principais metais (extraídos dos minerais) cresceu em pelo menos 80% nas últimas duas décadas. Entre 1965 e 1980, o crescimento no consumo de minerais metálicos foi de quase 4% ao ano. Desde 1980, contudo, a média de crescimento anual declinou para menos de 1% no período 1980 e 1986, sendo mais elevada nos países em desenvolvimento do que nos desenvolvidos. Naqueles países, o consumo de alumínio cresceu nove vezes, e o de cobre, cinco vezes nos últimos 30 anos. No total, a produção de minerais, metálicos e não-metálicos, cresceu 2,5 vezes entre 1960 e 1995, atingindo o inacreditável montante de 7,64 bilhões de toneladas.

As despesas com a exploração de metais não-ferrosos, no mundo inteiro, mais do que dobrou entre 1992 e 1997, excedendo a US$ 5 bilhões nesse último ano. Entre 1991 e 1997, os investimentos em exploração expandiram-se seis vezes na América Latina, quadruplicaram na região do Pacífico e dobraram na África.

Nas duas últimas gerações, o mundo utilizou mais minerais do que em toda a história humana até então. Entre 1950 e 1987, enquanto a população dobrava, o consumo de aço aumentava em quase 400%, e o de alumínio, em mais de 1.000%. Recursos minerais que foram formados em milhões de anos (alguns, em centenas de milhões) estão sendo esgotados em décadas.

Considerando o ritmo de aumento da utilização de diversas riquezas minerais, suas reservas mostram-se pouco significativas face ao volume do consumo e poderão esgotar-se em algumas décadas. Como exceções, o sal e o metal de magnésio têm expectativas de vida quase infinitas, e o silício e o calcário, de milhares de anos. Já o potássio, o manganês e o cobalto, algo mais que 200 anos, o feldspato, entre 100 e 200 anos, e a pedra de fosfato, entre 50 e 100 anos. Os principais metais têm as seguintes expectativas de vida:

Tabela 6

Expectativa de vida dos metais: ano-base 1992

Metal selecionado	Índice de vida das reservas mundiais (anos)
Alumínio (bauxita)	222
Minério de ferro	161
Níquel	51
Estanho	45
Mercúrio	43
Cobre	33
Zinco	20
Chumbo	18

Fontes: U.S. Bureau of Mines, World Bureau of Metal Statistics and International Iron and Steel Institute (reservas mundiais de 1990 divididas pelas produções de 1992).

A economia mundial utiliza mais de dois bilhões de toneladas de minerais não-combustíveis por ano. Essa elevada taxa de fluxo de materiais reduz a qualidade do minério explorado, aumenta o uso de energia e a produção de resíduos, sobrecarrega aterros de rejeitos, degrada os ecossistemas dos entornos e emite poluição ao longo de todo o processo. Mesmo que não haja crescimento econômico no futuro, as taxas atuais de consumo de minerais não serão sustentáveis. Talvez nem todas as tecnologias disponíveis para a redução de materiais nos processos fabris e a reciclagem possam vir a suprir as matérias-primas não renováveis avidamente demandadas pela sociedade de consumo.

A maioria das nações industriais apresenta déficit no comércio internacional de minerais, explicitado tanto pelo elevado consumo como pelas reservas limitadas. Apesar de ser o terceiro entre os países detentores das maiores reservas de minérios do planeta, o déficit norte-americano de materiais requeridos pela indústria tem variado, desde 1983, entre US$ 9 e US$16 bilhões anuais. As reservas de minerais metálicos de melhor produtividade já foram ou estão sendo rapidamente esgotadas. A concentração de cobre é, atualmente, 250 vezes menos rica do que na Idade Média. No processo de produção, para cada tonelada de cobre refinado (após várias etapas de conversão), retiram-se 150 t do minério (uma produtividade abaixo de 1%), o qual, por sua vez, produz mais de 350 toneladas de rejeitos quando a mina é explorada. Na mineração do ouro, cada tonelada de material retirado gera apenas dez gramas do metal.

Os impactos provocados pela exploração mineral são diversos, como a degradação de terras, que deixa vastas áreas de terreno removido e de minas abertas. Até o ano 2000, os Estados Unidos terão mais de 110 mil quilômetros quadrados (duas vezes e meio o tamanho do estado do Rio de Janeiro) perdidos para a mineração de superfície. Enormes quantidades de resíduos (rejeitos da extração) são produzidas (no processo de extração, a indústria norte-americana produz, sozinha, 6,9 bilhões de toneladas de resíduos sólidos anualmente, que se somam a 7,7 bilhões de toneladas do processamento de minerais e metais). A lixiviação desses rejeitos e de minas abandonadas, somada aos produtos químicos utilizados no refino, é uma fonte importante de poluição de lençóis freáticos, rios e lagos.

A poluição do ar é causada, entre outras coisas, pela poeira, durante a extração, e por gases ácidos liberados nas atividades de fundição e refino. Partículas finas de metais-traço tóxicos, que se acumulam nos solos e nos ecossistemas aquáticos, são dispersas durante as operações de mineração e refino, e grandes quantidades são dispersas também durante o uso. A utilização de metais pesados tem aumentado as concentrações desses elementos tóxicos em solos e ecossistemas, afetando com isso a cadeia alimentar de animais e do homem. Uma significativa parte dos desmatamentos é um subproduto das atividades de mineração, não apenas pela derrubada de árvores no entorno das minas, mas também pelo grande número utilizado como combustível para a redução de minérios.

3. Contabilidade Ambiental

Sob o sistema atual de medição da pujança econômica de uma nação — o Produto Nacional Bruto —, os recursos naturais e um meio ambiente limpo não têm valor econômico, porque não possuem poder de troca no mercado. A poluição é, da mesma forma, ignorada nas contas nacionais, por ser algo externo às atividades de mercado. Os métodos tradicionais de cálculo de PNB e PIB quantificam artefatos de guerra (bombas, granadas, tanques, fuzis etc.), mas simplesmente consideram como zero os valores do sistema educacional e da infra-estrutura pública, para não mencionar a qualidade do ar, da água e de outros ativos ambientais. As distorções são claras.

De acordo com os critérios de avaliação de PNB, um paciente terminal cujo tratamento tenha sido altamente custoso ou um processo judicial entre duas empresas envolvendo um montante vultoso são verdadeiros heróis econômicos do país. Isto porque tais fatos fazem com que o dinheiro troque de mãos, sendo assim contabilizado como enriquecimento. Um acidente de grandes proporções (como um terremoto) causa um aumento do PNB, mas a conseqüente perda de vidas, a destruição patrimonial e a degradação ambiental não são consideradas nessas contas.

O desastre com o navio petroleiro Exxon Valdez, que em março de 1989, após chocar-se contra um recife nas costas do Alasca, liberou 40 mil toneladas de óleo bruto, poluindo uma enorme área litorânea, é o exemplo usado por Scott Vaughan (1993) para demonstrar a insensatez das formas tradicionais de cálculo das contas de um país. O acidente significou mais de US$ 2 bilhões para a economia do Alasca, criando empregos para a limpeza de praias e costões, enchendo quartos de hóteis, entulhando os aviões com especialistas e com a mídia, comprando e transportando equipamentos de limpeza. Embora capaz de rapidamente acrescentar a atividade econômica gerada pelo derramamento de óleo ao PIB americano, o sistema tradicional de medição foi incapaz de atribuir valores à zona costeira suja de óleo, à terrível mortandade de animais e até mesmo ao petróleo desperdiçado. Como acentuou, à época, o World Resources Institute (WRI), foi um "desastre econômico mascarado como progresso".

O WRI calculou que, entre 1970 e 1989, a Costa Rica perdeu em recursos naturais, por destruição dos seus ecossistemas, o equivalente a 30% do seu PNB. Isso para um país em que 25% do território é oficialmente preservado, além das áreas particulares. Qual seria o resultado das contas nacionais para países como o Brasil (campeão de desmatamento) se a exploração predatória dos seus recursos, em vez de ser calculada como riqueza, fosse contabilizada pelo que realmente representa, ou seja, empobrecimento das reservas, diminuição do capital natural?

Não obstante a flagrante falha desse sistema, os economistas argumentam que o PIB não foi criado para medir bem-estar social, incluindo proteção ambiental, mas sim como um barômetro das atividades econômicas. Na época em que o PIB foi criado, as únicas questões que preocupavam os que faziam os cálculos de rendimentos nacionais (entre eles o célebre economista John Maynard Keynes) eram balança de pagamentos, ciclos econômicos e desemprego. Poluição dificilmente era uma preocupação.

"Mas", afirma Vaughan, "em vista da agora evidente crise ambiental, há um crescente reconhecimento entre economistas, organizações não-governamentais, organizações internacionais, como as Nações Unidas, e governos de que, com o atual sistema, nossa capacidade de tratar as questões ambientais fica reduzida. O problema reside em indicadores econômicos incapazes de medir a destruição ecológica" (1993).

Precisamos rever a forma tradicional com que avaliamos a prosperidade. Os recursos naturais e ambientais básicos não são medidos porque não são prezados. Uma árvore não tem valor intrínseco até que esteja derrubada. No entanto, os custos ambientais do desmatamento são muito maiores e duradouros que o valor comercial da madeira fornecida pela floresta. Minerais e outros recursos não têm valor econômico até que sejam explorados, mesmo que essa exploração signifique — no caso de recurso não renovável — a diminuição do estoque de uma matéria-prima sem reposição.

O corrente Sistema de Contas Nacionais das Nações Unidas tem como base de cálculo os ativos e os capitais formados pelo homem: bens tangíveis, como máquinas, imóveis e equipamentos diversos utilizados na produção, assim como estoques e bens de consumo. O único item de exceção que poderia ter considerações ambientais é o que se encontra sob a rubrica "terra", mas mesmo este só é avaliado enquanto tem valor de troca e gera lucros, através da exploração de madeira, da produção agrícola etc.

Embora alguns ecologistas tenham dificuldades em atribuir preços comerciais ao meio ambiente, as evidências demonstram que, sem um valor monetário específico, recursos naturais como ar, água limpa, florestas e cardumes de peixes são considerados "livres", não estimulando a sua conservação. Ao contrário, a falta de preço provoca a ilusão de reservas infinitas e, por conseguinte, a utilização predatória desses recursos. São necessários instrumentos econômicos para avaliar o custo real de preços e serviços, com o objetivo de explorar efetivamente as forças de mercado que visam a proteção ambiental.

A utilização de taxas ambientais é um valioso instrumento para limitar a poluição ou qualquer outra forma de degradação ambiental. Ao contrário de taxas sobre o trabalho e o capital, que — quando elevadas — dificultam a prosperidade socioeconômica, as ecotaxas criam prosperidade, quando usadas para reduzir os impactos negativos sobre o meio ambiente.

4. Índices de Qualidade de Vida

A utilização da renda *per capita* (Produto Nacional Bruto dividido pelo número de habitantes) como um indicador do grau de desenvolvimento de um povo é, no mínimo, altamente imperfeito. O bem-estar de um povo se faz em função da combinação de diferentes fatores, e não apenas pela renda auferida pelos cidadãos. Isso sem considerarmos que a renda *per capita* oculta possíveis distorções do sistema econômico de um país, como a distância entre a maior e a menor faixa de renda e o seu grau de concentração nas mãos de uma classe social.

A economia brasileira é atualmente a nona do mundo, se for medida pelo montante anual do PNB (1993). Mas se considerarmos os índices sociais e políticos em conjunto com os econômicos, a posição relativa do Brasil muda vertiginosamente. Uma renomada instituição norte-americana, o Population Crisis Committee, com sede em Washington, preparou, em meados da década de 1980, um índice internacional de sofrimento humano (International Human Suffering Index), utilizando dez parâmetros que criaram um *ranking* de bem-estar social para 130 países.

Os parâmetros utilizados foram: taxa anual de inflação; renda *per capita*; crescimento anual da força de trabalho; crescimento anual da população urbana; taxa de mortalidade infantil; calorias diárias consumidas *per capita* (em % do necessário); população abastecida por água potável; consumo de energia (em uma relação entre fontes renováveis e não renováveis); índice de alfabetização de maiores de 15 anos e liberdade pessoal e política, medida pelos graus de direitos políticos e de liberdades civis. Esses parâmetros, criteriosa e detalhadamente explicados no relatório, podem variar de cem pontos, "índice de sofrimento" máximo, quando todos os parâmetros seriam os mais desfavoráveis possíveis, até zero, que indicaria uma qualidade de vida extraordinária.

Apesar da aparente pujança da economia brasileira a partir da década de 1970, o Brasil somava 50 pontos no Índice Internacional de Sofrimento Humano, situando-se no bloco intermediário, ao lado da China, mas em pior posição que a Tailândia, o México, a Mongólia, o Panamá (todos com 47 pontos), o Chile (46), a Venezuela e a Colômbia (44), a Coréia do Norte, Jamaica e Costa Rica (40), Argentina (38), Uruguai (37) e outras 44 nações com menor índice de sofrimento.

O Banco Mundial criou, em 1995, um novo método para avaliar a riqueza das nações e o seu potencial de desenvolvimento. Contrariando os sistemas tradicionais de avaliação, este método enfatiza diversos indicadores que não a renda, e, de acordo com Ismail Serageldin, responsável pelo estudo, "expande o conceito de riqueza para além do dinheiro e dos investimentos".

Ao reduzir a importância de parâmetros tradicionais como o PNB, o novo método valoriza indicadores como: proteção ambiental, recursos naturais, educação, mobilidade social e outros ativos geralmente subavaliados, os quais são fundamentais para o desenvolvimento a longo prazo.

O estudo atribui valor a três tipos de riqueza nacional. O primeiro tipo são os "ativos produzidos", ou seja, as fábricas, estradas, maquinarias e outros investimentos em infra-estrutura. Outro tipo de riqueza vem da natureza, considerando-se a terra, a água, os minerais, os ecossistemas e outros recursos ambientais. No terceiro, a força da população é medida através de critérios como nutrição, habitação e nível educacional. Foram analisados 192 países, e o Banco Mundial constatou que os mais ricos são, em geral, aqueles que investiram mais em recursos humanos e na qualidade do seu meio ambiente, e não necessariamente em crescimento econômico. Produtos manufaturados — os bens de consumo — representam muito pouco nessa avaliação do Banco Mundial, não mais de 1/5 do total.

Essa nova forma de determinar a qualidade de vida dos povos é, em princípio, muito mais precisa do que as que tradicionalmente usam apenas indicadores econômicos. Seu principal objetivo é provocar uma mudança na maneira pela qual governos e indivíduos vêem o desenvolvimento, atribuindo um peso muito maior aos componentes social e ambiental. Serageldin enfatiza que "boas políticas ambientais são boas políticas econômicas, e vice-versa". Os indicadores utilizados, mais *verdes* e mais conscientes socialmente, são os melhores balizadores para o desenvolvimento sustentável.

Países com vastas riquezas naturais, meio ambiente protegido, população reduzida e bom sistema educacional estão, naturalmente, entre os primeiros do *ranking*. Assim, Austrália e Canadá são os primeiros da lista, com respectivamente US$ 835 mil e US$ 704 mil de riqueza por habitante. Os países que se seguem — apesar de alguns possuírem áreas reduzidas e recursos naturais limitados — apresentam bons indicadores sócio-ambientais. São eles, da terceira à décima posição: Luxemburgo, Suíça, Japão, Suécia, Islândia, Catar, Emirados Árabes Unidos e Dinamarca. A relação, publicada na revista americana *Time* (02 de outubro de 1995), mostra os 20 países que obtiveram melhor e pior classificação, não revelando a posição relativa do Brasil.

5. Novas Políticas e Tecnologias Ambientais

Tendências

O movimento ambientalista não apenas cresceu nos últimos 25 anos, como também alterou suas características, para acompanhar a evolução dos tempos. O ambientalismo expandiu o exame do ambiente natural isolado, incluindo o estudo da sua interrelação com o bem-estar humano e com o nível de cooperação econômica internacional, ao abordar questões como dívida externa, preços de matérias-primas e produtos primários, ajustamentos estruturais, subsídios, estímulos e desníveis de consumo, concentração de renda etc. Análises de custo-benefício social, adoção de auditorias e avaliações de impactos ambientais, novas medidas legais — nos níveis nacional e internacional — e atividades de grupos não-governamentais, todos têm ajudado a forjar políticas e atitudes mais condizentes com a proteção ambiental.

Nas últimas duas ou três décadas, a pesquisa científica contribuiu muito para a compreensão dos processos que controlam e afetam os sistemas ambientais. Foram obtidos progressos nas tentativas de melhorar os instrumentos e métodos analíticos para determinar e monitorar quantidades-traço de poluentes orgânicos e inorgânicos; para definir os processos de transformação e interação de poluentes e os seus destinos; para conhecer os efeitos desses poluentes na biota e nos materiais. Revelações importantes têm sido feitas a partir de estudos com os ciclos biogeoquímicos de elementos essenciais à vida, como carbono, nitrogênio, fósforo, enxofre e potássio.

Têm-se usado modelos matemáticos mais eficientes para estudar processos geofísicos, assim como processos ecológicos. Os grandes avanços na tecnologia e nos programas de computadores levam a uma maior aceitação dos modelos de previsão de impactos e mudanças ambientais, tais como os de redução da camada de ozônio, mudanças climáticas, chuva ácida e os de impacto na biosfera. Modelos desenvolvidos nas últimas duas décadas tratam das inter-relações entre recursos, meio ambiente e crescimento populacional. Os últimos 20 anos assistiram, também, à evolução de importantes instrumentos, como sistemas de informação geográfica (GIS), avaliação de impacto ambiental, análise e gerenciamento de risco, contabilidade ambiental e de recursos naturais, auditoria ambiental etc.

Os estudiosos de ciências ambientais sustentam que os novos paradigmas de desenvolvimento — para se alcançar a sustentabilidade — devem estar centrados na conservação da base ambiental, no bem-estar das populações — através de investimentos na área social e da redução dos desníveis de renda — e na promoção da igualdade de direitos para a mulher. Da mesma forma, esses desafios incluem mudanças profundas em processos de manufatura, na adoção de novas técnicas agrícolas e no desenvolvimento de alternativas aos combustíveis fósseis.

Os serviços de proteção ambiental já compõem um dos principais segmentos da economia mundial. A Organização de Cooperação e Desenvolvimento Econômico (OCDE) estimou que, em 1990, o mercado mundial de bens e serviços ambientais alcançou US$ 200 bilhões, aproximadamente o PNB da Bélgica e quase metade do PNB brasileiro, à época. No entanto, como esse valor representa tão-somente o mercado de equipamentos de tratamento de esgotos, de controle de poluição do ar, de tratamento de resíduos tóxicos e mais alguns poucos itens, o montante dos serviços ambientais é, seguramente, muito maior. A demanda de processos fabris mais eficientes e de reestruturação industrial — gerando menos poluição e aumentando o lucro — é significativamente maior e será medida, dentro de poucos anos, em trilhões de dólares. Embora entre 80% e 90% desse mercado esteja localizado nas nações industriais, os serviços e as indústrias de proteção ambiental são atividades em franco crescimento em boa parte do hemisfério sul.

Educação e Treinamento

O extraordinário avanço verificado na educação ambiental, formal ou informal — presente, em maior ou menor grau, no mundo inteiro —, é uma tendência irreversível. As questões de meio ambiente permeiam, de um modo geral, o sistema educacional nos seus diferentes níveis. Os temas ambientais, que estavam originalmente restritos — e de forma limitada — aos cursos de química, biologia e engenharia sanitária, fazem parte, atualmente, de cursos especificamente ambientais, em uma quantidade crescente de escolas, cursos independentes e universidades (como graduação ou pós-graduação). A imprensa — jornais, revistas, rádios e televisões — mantém acesas as discussões e o interesse por informações sobre tais questões, contribuindo significativamente para o desenvolvimento de uma consciência ecológica. Programas de treinamento em meio ambiente — no seu amplo espectro de ações — têm sido oferecidos em universidades, centros de pesquisas, organizações não-governamentais, fábricas e fazendas agropecuárias.

Medidas Institucionais

Há um número crescente de instituições oficiais — nacionais, regionais e internacionais — projetando, implementando e financiando programas de proteção e recuperação do meio ambiente. De início, tais instituições foram criadas quase exclusivamente nos países industrializados. Atualmente, praticamente todos os países possuem algum tipo de instrumento — executivo e/ou legal — de proteção ambiental, sejam agências ou departamentos, entidades subordinadas a ministérios ou diretamente aos chefes de Estado, ou um ministério próprio para o meio ambiente. Agências da ONU, como a FAO, a OMS e a Unesco, que tratam de diferentes questões, como agricultura e alimentação, saúde, educação e cultura, têm tido uma participação maior nas questões ambientais a partir da Conferência das Nações Unidas sobre o Meio Ambiente Humano, realizada em Estocolomo, em junho de 1972. Naquele ano, foi criado o Programa das Nações Unidas para o Meio Ambiente (PNUMA), que tem encorajado os demais corpos das Nações Unidas a incorporar as preocupações ambientais em suas atividades e a criar unidades ou departamentos para cuidar desses assuntos.

O Banco Mundial, que financiou — durante décadas — projetos de desenvolvimento altamente danosos ao meio ambiente, é atualmente um importante agente de controle da degradação ambiental nos investimentos de que participa. O Banco criou um departamento que trata das questões ambientais pertinentes às suas atividades, no que foi imitado por vários bancos de desenvolvimento, regionais ou nacionais. As avaliações de impactos ambientais são, hoje em dia, parte integrante dos projetos de desenvolvimento financiados por esses bancos. Há poucos anos, criou-se um fundo multilateral, o Global Environmental Facility (GEF), envolvendo o Banco Mundial, o PNUMA e o Programa das Nações Unidas para o Desenvolvimento (PNUD), para auxiliar as nações pobres em programas de proteção ambiental e para providenciar a transferência de tecnologias necessárias. O GEF administra recursos de cerca de US$ 1,5 bilhão para serem investidos prioritariamente em questões ambientais de caráter global.

As organizações não-governamentais (ONGs) são de extrema importância para pressionar e orientar parlamentos e governos na criação de leis e na adoção de medidas de proteção ambiental, assim como para exigir de órgãos públicos e entidades particulares o cumprimento dessas leis e a conservação da base ambiental. Algumas ONGs transformaram-se em entidades internacionais, com milhões de membros associados e atuando em diversos continentes. Essas organizações são agentes fundamentais para a conservação da natureza, atuando direta ou cooperativamente na administração de reservas e parques ecológicos. Hoje em dia, as ONGs mais destacadas dominam tamanho *know-how* em questões ambientais e de recursos naturais que se tornaram consultoras independentes nessas questões, trabalhando conjuntamente com órgãos de governo e agências internacionais.

Medidas Econômicas

Vários instrumentos econômicos têm sido progressivamente adotados em diversos países, como forma efetiva de preservação do meio ambiente. O primeiro princípio, desenvolvido ainda na década de 1970, foi o "princípio do poluidor-pagador", segundo o qual o custo da poluição não deve ser externalizado, ou seja, cabe ao agente poluidor arcar com o ônus. Assim, uma indústria, uma incorporação ou uma municipalidade deve responsabilizar-se sozinha — sem nenhuma forma de subsídio — pelos custos das ações necessárias à minimização dos danos e à manutenção do padrão ambiental. Por conseguinte, os preços de mercado deverão refletir o custo total do dano ambiental, ou, mais apropriadamente, o custo de prevenção do dano. Da mesma forma, o "princípio do consumidor-pagador" exige que os preços reflitam o custo social pleno da utilização ou eliminação de um determinado recurso natural.

Nos países industrializados, existem vários instrumentos econômicos, como cobranças de taxas sobre efluentes e produtos e também taxas administrativas, que são usados para inibir atividades poluidoras e prover recursos financeiros dirigidos à diminuição da degradação ambiental. Formas diversas de subsídios, subvenções e isenções de impostos deverão ser cada vez mais usadas para encorajar comportamentos menos danosos ao ambiente. Mecanismos financeiros estimulam a redução e/ou a reutilização de resíduos da produção. Programas de recuperação de lixo reciclável diminuem os impactos ambientais. Mecanismos de mercado, como acordos de comércio, encorajam o uso de permissões de emissão (de poluição) de maneira mais eficiente e barata.

Em 1988, calculou-se que 153 instrumentos econômicos de proteção ambiental estavam em uso nos países membros da OCDE, dos quais 81 eram taxas, 41 eram subsídios e 31, outros tipos de medidas. Por exemplo, a Finlândia e a Suécia cobram uma taxa sobre a liberação de carbono pelo uso de combustíveis fósseis; a França cobra um imposto sobre a poluição atmosférica produzida por indústrias; a Austrália, a Bélgica, a Holanda e os Estados Unidos taxam resíduos sólidos; e a Alemanha, a Holanda, a Suécia e o Japão usam índices diferentes de impostos para estimular a fabricação de veículos menos poluentes. A Dinamarca cobra a coleta de lixo urbano em função do seu peso.

Também nos países de economias em transição, como é o caso do Brasil, diversas medidas econômicas têm sido implementadas. Cobrança pela coleta de lixo doméstico, reembolso pelo retorno de embalagens descartáveis e vários tipos de multa por despejo ilegal de efluentes líquidos, pela emissão de poluentes atmosféricos ou pela deposição de resíduos sólidos têm sido medidas adotadas por muitos desses países. Nos últimos 20 anos, um número crescente de governos tem sustado ou reduzido os subsídios para os produtos químicos agrícolas, como os pesticidas, o que tende a levar a um uso menos abusivo — e mais eficiente — desses produtos e à adoção de técnicas modernas de controle de pestes, como a biológica. A fiscalização, com a cobrança de multas, embargos e processos legais para coibir a destruição de ecossistemas, está se tornando uma rotina em muitos dos países em desenvolvimento. A aplicação de medidas econômicas (e outras) para coibir o desmatamento, assim como a poluição gerada por indústrias e transportes, tem se revelado, contudo, bem mais difícil.

Transferência de Recursos

A transferência de recursos — financeiros ou tecnológicos — dos países da OCDE para as nações em desenvolvimento é condição fundamental para que tais nações possam utilizar processos de alta produtividade e de menores impactos sobre o ambiente, acessíveis apenas através de tecnologias modernas. Durante a Rio-92, as nações participantes acordaram que, para cumprir a Agenda 21 — a qual enuncia os princípios necessários para o desenvolvimento sustentável —, essa transferência seria de 0,7% do PNB dos países ricos. À época, essa ajuda era de 0,33%. Desde então, com exceção de alguns poucos países, como a Noruega e a Dinamarca, esse índice reduziu-se em um décimo, sendo atualmente de 0,29% (Mattos de Lemos, 1996). Em 1993, a assistência oficial para o desenvolvimento prestada pelos 25 países mais ricos decresceu cerca de 8% em relação ao ano anterior.

Tecnologias, Processos e Métodos

Grandes avanços foram realizados no campo das tecnologias, dos processos e dos métodos, resultando em benefícios para o meio ambiente e reforçando a sua importância para o desenvolvimento sustentável. Listamos a seguir diversos exemplos em diferentes atividades industriais e de serviços.

- *Fontes de Energia*

Somado ao crescimento acelerado da demanda de energia — produto do crescimento do consumo individual pelo aumento do número de indivíduos —, está o desperdício. Alguns especialistas estimam que os países industrializados gastam, em média, uma unidade de energia para produzir cinco unidades do seu PNB, enquanto os países pobres utilizam seis unidades de energia para apenas uma unidade de PNB. Isto indica um gasto energético 30 vezes maior para a mesma unidade produzida, ou seja, um fantástico desperdício. Um exemplo de que — principalmente nas nações em desenvolvimento — ainda há enormes margens para aumentar o rendimento no uso dos combustíveis fósseis é o dos Estados Unidos, que, entre 1973 (primeiro "choque do petróleo") e 1981, assistiram ao crescimento de sua economia em 33%, enquanto o consumo de petróleo permanecia estável. Ainda assim, já na década de 1980, os norte-americanos gastavam quase o dobro de energia que os alemães e japoneses por unidade de PNB, numa insofismável demonstração do enorme potencial tecnológico nesse campo.

O *know-how* para produzir grandes cortes no consumo de energia já está à mão. Com o progresso científico-tecnológico, o uso de novas fontes — as renováveis — será ampliado, extensa e intensivamente, em substituição aos combustíveis fósseis. Enquanto a indústria global de geração de energia produz uma receita anual acima de US$ 1 trilhão, menos de 1% disso se deve a energias renováveis (1990). Essas fontes são mantidas por mercados pequenos e isolados, estimulados por esforços localizados de governos, pesquisadores e fabricantes. Não obstante as dificuldades em se vencerem os obstáculos de mercado representados pelos *lobbies* e por outras ações de grupos cujos negócios dependem de combustíveis fósseis, o emprego de fontes renováveis está conhecendo uma expansão ainda bastante discreta, mas irreversível.

Energia solar — A energia solar para aquecimento de água (energia térmica) já é largamente utilizada no mundo e, se for acompanhada por políticas governamentais voltadas para estimular sua ampliação, poderá tornar-se um segmento industrial dos mais importantes. Como ilustração, pode-se mencionar que, somente na capital de Botsuana, foram vendidos, até 1993, mais de três mil aquecedores solares de água, deslocando quase 15% da demanda residencial de eletricidade. Um estudo de 1994, do Banco Mundial, concluiu que centrais de energia térmica solar seriam economicamente atraentes na maioria dos países em desenvolvimento. Por conseguinte, o Banco abriu uma linha de crédito para financiar tais projetos. De acordo com diversas pesquisas, as tecnologias térmicas solares poderão, em torno do ano 2000, fornecer energia a custo de US$ 0,5 a US$ 0,7/Kwh, o que seria altamente competitivo com a energia fornecida por usinas térmicas.

A outra tecnologia solar — que transforma a radiação do Sol diretamente em energia elétrica (luz em corrente contínua) por meio de células fotovoltaicas — está expandindo-se rapidamente, sobretudo em função dos investimentos de grandes companhias eletroeletrônicas, como a alemã Siemens e as japonesas Sanyo e Kyocera. O mercado mundial de células solares passou de US$ 500 milhões, já em 1992, e alcançou, em 1993, incluindo vendas a varejo, instalação e manutenção, cerca de US$ 1 bilhão. À medida que os preços de células fotovoltaicas foram caindo, as vendas foram aumentando aceleradamente: de 6,5 MW, em 1980, para 29 MW, em 1987, e 60 MW, em 1993. Em 1997, atingiram 126 MW, um crescimento de 13% em relação ao ano anterior.

A versatilidade da energia solar ficou comprovada quando companhias eletrônicas japonesas surgiram com novas aplicações engenhosas, fixando microcélulas solares em calculadoras de bolso e relógios de pulso, que funcionam com qualquer fração de luz. Desde o final da década de 1980, tem sido vendida uma média de cem milhões desses aparelhos a cada ano, absorvendo 4 MW anuais em energia solar, 7% do mercado global (Flavin *in* Brown, 1995).

Mais de 200 mil lares no México, na África do Sul, em Sri Lanka e em outros países em desenvolvimento estão obtendo eletricidade através de sistemas solares montados nos telhados das casas (sistemas que funcionam mesmo em dias nublados, pois os raios ultravioleta não são refletidos pelas nuvens). Desde meados da década de 1980, mais de duas mil casas da República Dominicana foram adaptadas para funcionar com células fotovoltaicas, graças aos esforços de uma ONG norte-americana, em cooperação com uma organização local voltada para o desenvolvimento da energia solar. Desde 1990, organizações similares foram criadas na China, em Honduras, Zimbabue, na Indonésia e em Sri Lanka, onde US$ 10 milhões foram suficientes para eletrificar 60 mil residências, segundo estimativa de um especialista. Nos últimos anos, 20 mil lares foram eletrificados no Quênia com o uso de células solares. (Nesse mesmo período, apenas 17 mil ligaram-se à rede da central de energia elétrica.)

O Banco Mundial está autorizando empréstimos (ou levando em consideração o empréstimo) para projetos de energia a partir da radiação solar para a China, a Indonésia, as Filipinas e Sri Lanka. No Zimbabue, uma subvenção do Global Environment Facility (GEF), aprovada em 1992, ajudou a eletrificação por tecnologia solar de 20 mil casas em cinco anos. A Noruega possui 50 mil residências abastecidas por sistemas fotovoltaicos de 500 w e oito mil novos sistemas estão sendo montados a cada ano. Na China, 12 fábricas estão produzindo módulos fotovoltáicos, e pequenos equipamentos de 20 e 50 watts tornaram-se populares em locais onde não existe rede pública. Nos Estados Unidos, o presidente Clinton anunciou, em junho de 1997, o lançamento de uma campanha para a instalação de energia solar em 1 milhão de imóveis até 2010.

O Instituto de Pesquisa em Energia Solar (Seri), dos Estados Unidos, considera que essa energia possui o potencial para tornar-se, por volta do final do próximo século, a principal fonte de eletricidade no mundo inteiro. Afinal, o Sol é uma gigantesca usina de energia, cuja radiação é estimada em fantásticos 110 trilhões de quilowatts. Mesmo considerando-se que menos de um bilionésimo dessa energia alcança a Terra, ela será suficiente — com tecnologia e custos acessíveis — para suprir uma grande parte da demanda de eletricidade do planeta. Da mesma forma que a eólica, a energia solar é livre, renovável, não poluente, silenciosa e universalmente disponível.

Energia eólica — A energia gerada por vento, uma grande promessa na década de 1970, revelou-se, com o tempo, de mais difícil aproveitamento do que se supunha à época. Um grande número dos seus defensores desanimou com as dificuldades encontradas e começou a acreditar que era pouco provável que a energia eólica tivesse espaço no mundo da energia comercial. Mas, a partir de 1994, uma série de desenvolvimentos tecnológicos sugeriram que era chegado o momento dessa fonte renovável. Um dos maiores obstáculos é a localização dos moinhos — ou turbinas de vento —, em função da constância e da velocidade mínima de ar. Os moinhos funcionam bem mais eficientemente quando instalados próximos à costa ou em elevações, isto é, com poucas barreiras para o vento. Da mesma forma que a energia solar, é uma fonte sazonal. É menos previsível que a energia solar, mas com a eventual vantagem de poder produzir energia ao longo de um número muito maior de horas por dia. As duas tecnologias, no entanto, podem formar o que se chama "sistema híbrido", em que o funcionamento conjunto pode garantir energia para o ano todo.

O estado da Califórnia investiu mais de US$ 3 bilhões em energia eólica para produzir energia elétrica, instalando mais de 15 mil turbinas de vento, suficientes para abastecer a cidade de São Francisco. Os países do norte da Europa planejam alcançar, no mínimo, o mesmo valor no final desta década. A Dinamarca tinha mais ou menos 3.600 turbinas em operação em 1994, fornecendo 3% da energia do país. A Alemanha, em 1992, já possuía quase mil turbinas instaladas e estava construindo outras mais rapidamente que qualquer outro país. Apesar de a Dinamarca continuar a construir mais moinhos de vento, sua capacidade total poderá ser, em breve, ultrapassada pela Alemanha e Grã-Bretanha, que pretendem produzir, por volta do ano 2005, pelo menos 1.000 MW de energia gerada por vento. A Grécia, a Espanha e a Holanda também possuem planos ambiciosos (Flavin *in* Brown, 1995).

Os membros da comunidade européia, em conjunto, objetivam instalar turbinas para produzir 4.000 MW no final deste século e 8.000 MW em torno de 2005. Em meados de 1994, cerca de 1.400 MW de energia eólica eram oferecidos na Europa. Esse número deve ter alcançado 2.000 MW ao fim de 1995. No final de 1993, o mundo possuía, *grosso modo*, 20 mil moinhos de vento operando, o que gerava então 3.000 de eletricidade. Em 1995, a geração de energia de vento alcançava 6.115 MW, e em 1997, 7.630 MW. Importantes projetos têm sido anunciados na China, na Argentina, na Índia e na Alemanha. A Ucrânia e a Argentina estão desenvolvendo projetos de 500 MW, e outros — de diferentes tamanhos — estão em andamento na Suíça, na Irlanda, na Nova Zelândia e no Canadá. Grandes corporações industriais reconheceram o papel de crescente importância do mercado de energias renováveis e anunciaram novos investimentos tanto em tecnologia eólica como em tecnologia solar. Cerca de cem mil microunidades de energia eólica para fornecer eletricidade (para iluminação e televisão domésticas) foram instaladas nas províncias remotas do norte e do oeste da China. Aproximadamente dez mil moinhos de vento estão bombeando água de lençóis freáticos, no norte do país, e de superfície, no sul e no leste.

Levantamentos cuidadosos, levados a cabo nos Estados Unidos, comprovam que, com moinhos de vento cobrindo 0,6% da área de 48 estados contíguos — principalmente nos Great Plains —, 20% das necessidades atuais de energia do país seriam atendidas. Entre as nações que possuem potencial de energia eólica abundante está o Brasil, junto com o Chile, a Rússia, o Egito, o México, a Austrália, a África do Sul, a Tunísia e outros. Todos eles poderiam facilmente ter 20% ou mais de sua energia elétrica produzida a partir da energia eólica.

Energia de biomassa — A combustão de produtos vegetais pode ser uma fonte renovável de energia. Essa aplicação será tão mais econômica quanto maior for o aproveitamento de resíduos da agroindústria, que, quando não são utilizados como adubo, transformam-se em poluição. O uso corrente de lenha, esterco, carvão e restos agrícolas para cozinhar e aquecer, principalmente entre as populações rurais dos países pobres, tem se revelado extremamente ineficiente (além de acelerar a degradação de florestas e áreas agropastoris). A ajuda para residentes do campo adotarem métodos mais eficientes de manejo da biomassa permitiria uma melhoria no padrão de vida dessas pessoas e aliviaria a pressão sobre os ecossistemas. Um caminho promissor é o da gaseificação da biomassa (em vez de queimá-la diretamente), um processo mais fácil do que gaseificar carvão. Essa tecnologia recente já está disponível e — com o devido estímulo governamental — aumentará em muito a eficiência dos tradicionais métodos rurais de uso da biomassa.

A biomassa fornece 35% da energia dos países em desenvolvimento, mas poderia ter uma participação bem maior se, por exemplo, os resíduos da exploração de cana-de-açúcar, atividade existente em um vasto número de países, fossem aproveitados para a geração de eletricidade. A cana-de-açúcar já é aproveitada para produzir álcool combustível (etanol), do qual o Brasil é o maior produtor (em que pese o desestímulo oficial dos últimos anos). Muitos outros países em desenvolvimento também produzem álcool a partir da cana-de-açúcar, inclusive misturando-o à gasolina. Uma avaliação de 1991 indicava que se os norte-americanos misturassem etanol à gasolina, numa proporção de 10%, os Estados Unidos economizariam 800 mil barris de petróleo por dia (e emitiriam menos gases poluentes). A grande vantagem da biomassa é que — da mesma forma que as células solares e as turbinas de vento — a sua renovação é baseada no mais abundante de todos os recursos: o fluxo mundial constante da radiação solar.

Já no início da década de 1990, a Tailândia estava gerando 300 MW em energia elétrica a partir do bagaço da cana-de-açúcar. Se todas as nações que utilizam cana gerassem energia do bagaço, haveria uma produção extra de até 500 MW. Somente com os excedentes de alimentos, os norte-americanos poderiam produzir cerca de três bilhões de litros de etanol, 90% dos quais do excesso de milho.

Uma alternativa para a produção de energia elétrica em pequenas comunidades é o biogás, produzido por digestores que convertem matéria orgânica em energia, através da fermentação. O estrume de gado de vilas e pequenas cidades, por exemplo, pode ser usado para alimentar o biodigestor, produzindo 60% de gás metano (infelizmente, o restante é gás carbônico). O metano é queimado para produzir eletricidade para iluminação, para cozinhar e para bombear água potável. O resíduo do digestor, rico em nutrientes, fica disponível como fertilizante orgânico ou como alimento para piscicultura.

Hidrogênio — Uma das esperanças de fontes de energia praticamente inesgotáveis reside no uso do hidrogênio (H), o mais leve e abundante entre todos os elementos químicos. O hidrogênio é um combustível limpo que eliminaria todos os impactos ambientais causados pela queima de combustíveis fósseis e de biomassa.

A longo prazo, diversos meios de produção de hidrogênio estarão disponíveis (termólise, fotólise catalítica, biofotólise), mas a principal fonte de hidrogênio é a eletrólise da água, que consome energia elétrica para ser realizada. Essa é a questão-chave: a necessidade de eletricidade em abundância para desmontar a molécula de água. Assim, os defensores desse tipo de energia sustentam que instalações de eletrólise devem ser criadas junto a hidrelétricas, tornando a sua operação mais eficiente e mais barata. Com o progresso tecnológico e a maior difusão do hidrogênio como combustível, os custos de produção cairão muito.

Os candidatos óbvios à produção do hidrogênio combustível são as energias eólica e solar (eventualmente suplementadas por gaseificação de biomassa). A Agência Aeroespacial da Alemanha projeta o uso de células solares cobrindo vastas áreas de desertos para produzir hidrogênio. Essas instalações seriam construídas no sul da Argélia, e o hidrogênio seria enviado à Europa através de uma tubulação (como a de gás natural), que cruzaria o mar Mediterrâneo. Como para boa parte dos sistemas de geração de energia, no entanto, o hidrogênio presta-se melhor a sistemas descentralizados, em que o desperdício é minimizado. O hidrogênio retirado da água com o uso de energia do Sol e do vento poderá se transformar — no futuro — no fundamento de uma nova economia energética global.

A geração de vapor a partir do hidrogênio, com elevadíssima eficiência de conversão, foi obtida em escala piloto na Alemanha. Mas uma das perspectivas mais animadoras de uso do hidrogênio é como combustível para motores. Vários fabricantes têm trabalhado no desenvolvimento de carros movidos a hidrogênio. Embora o hidrogênio tenha a reputação de ser um combustível particularmente perigoso, isso é, em grande parte, um mito. Ele pode ser explosivo em certas circunstâncias, mas a gasolina e o gás natural também o são. Se manejado apropriadamente, o hidrogênio pode ser mais seguro do que a maioria dos combustíveis atualmente em uso. Por enquanto, essa fonte energética alternativa só pode derivar de água doce, mas, a longo prazo, a salgada também poderá ser usada.

Célula de combustível (*fuel cell*) — É uma tecnologia inventada no século passado, que pode — em princípio — funcionar com uma variedade de combustíveis gasosos, mas que só apresenta eficiência útil com o hidrogênio (e monóxido de carbono). A célula de combustível, que produz eletricidade, está tornando-se um sério competidor para as máquinas térmicas, pois é mais eficiente (avaliam-se reduções no consumo de energia primária de 40% a 70%) e não libera gases poluentes. Quando o hidrogênio é utilizado como combustível, a célula também produz água. A célula de combustível para hidrogênio, a custo acessível, é o principal desafio para os motores de veículos movidos a hidrogênio.

As residências poderiam ter células de combustível reversíveis, capazes de ora produzir hidrogênio a partir da eletricidade, ora produzir eletricidade a partir do hidrogênio. Muitos argumentam que, para produzir hidrogênio e outros combustíveis a partir de fontes renováveis de energia, são necessárias áreas muito extensas, o que, por si só, significa um fator seriamente limitante. Mas as enormes hidrelétricas (que produzem energia limpa, mas causam grandes impactos locais e regionais) e a exploração mineral de carvão, petróleo e outros também exigem grandes áreas e causam poluição à terra, ao mar e ao ar.

Geotérmica — Embora a energia geotérmica contida nos primeiros 5 km da crosta terrestre seja muito maior do que a existente nas reservas de petróleo e gás natural, a exploração de somente uma pequena fração é economicamente viável, devido à grande dispersão dessas fontes. Em 1990, a produção de energia de fontes geotérmicas excedeu 30 mil GW(ou 30 milhões megawatts). Os maiores produtores são os Estados Unidos (16.900 GW), as Filipinas (5.470 GW) e o México (5.124 GW). Essa fonte energética produziu, em 1990, 21%

da eletricidade das Filipinas, 18% de El Salvador e 11% do Quênia (Lenssen *in* Brown, 1993). A Islândia também usa as fontes geotérmicas para fornecer água quente e aquecimento para residências.

Fusão nuclear — A melhor contribuição que a energia nuclear pode dar ao desenvolvimento sustentável é a fusão nuclear de átomos, que — ao contrário da tecnologia corrente de fissão nuclear — é aparentemente segura, limpa (ou muito menos contaminante) e pode fornecer energia ilimitada. Apesar de ser uma tecnologia de grande esperança para o futuro, provavelmente passarão algumas décadas antes que essa fonte energética seja comercializada.

Diversas tecnologias estão contribuindo para o melhor aproveitamento dos recursos energéticos, como a cogeração, um dos mais promissores desenvolvimentos para aumentar a eficiência de energia em indústrias e áreas urbanas. A geração é um sistema que produz simultaneamente calor e eletricidade, ou outras formas de energia, como a mecânica. Em uma operação padrão, um combustível qualquer (pode ser de diferentes tipos) é queimado em uma caldeira, para produzir vapor. O vapor aciona um gerador elétrico e é, então, recuperado, para aquecer, refrigerar ou para ser usado em processos industriais — em vez de ser simplesmente liberado para o ambiente. Esse sistema pode mais do que dobrar a energia obtida para cada centavo investido. Uma termelétrica tem apenas 32% de eficiência, em média, enquanto um cogerador, com a mesma quantidade de combustível, pode aproximar-se de 80% de eficiência.

Alguns métodos de geração de energia são símbolos notáveis de criatividade (e reaproveitamento). É o caso da queima de pneus usados. “Pneus são como barris de óleo com uma forma engraçada”, afirma Robert Graulich, da Companhia de Energia de Oxford, na Califórnia, Estados Unidos. Um pneu de automóvel contém, em média, 2,5 galões de óleo. A Oxford possui duas instalações para produzir energia a partir de pneus. Elas consumiam, em 1992, 11 milhões de unidades anuais, suficientes para produzir eletricidade para 15 mil pessoas. Nessa época, a companhia projetava reciclar mais de 60 milhões de pneus em 1995. As emissões de gases poluentes das instalações encontram-se dentro dos limites das legislações estadual e federal.

Pneumáticos velhos também podem ser misturados com asfalto de ruas e rodovias. O reaproveitamento desse material (para gerar energia, pavimentar ruas ou atuar em contenção de encostas) é fundamental em um país que — com a maior frota mundial de veículos — possui mais de 3 bilhões de pneus usados, aos quais se somam quase 300 milhões a cada ano. Pneus descartados são um problema — e um desperdício — que, em maior ou menor grau, aflige todos os países com grandes frotas, como o Brasil, que já se encontra entre os dez maiores fabricantes de automóveis do mundo.

A questão energética, uma das fundamentais para o desenvolvimento sustentável, tem de ser tratada em ambas as pontas. A economia no consumo é tão importante quanto as fontes seguras e renováveis de geração. Vejamos, inicialmente, o caso das lâmpadas de iluminação.

O bulbo de lâmpada incandescente, criado pelo norte-americano Thomas Edison, no século XIX, é um bom exemplo de tecnologia que exige substituição imediata (na lâmpada incandescente, cerca de 90% da energia consumida é transformada em calor, e apenas 10% em luz visível). Esse tipo ineficiente de lâmpada será, com o tempo, completamente substituído por lâmpadas com rendimentos muito melhores, como as fluorescentes compactas (luz fria), cujas versões mais modernas (de lastro eletrônico) podem reduzir o consumo energético em 75%, ou as halógenas, que produzem 10% mais luz que as incandescentes e duram muito mais. Igualmente fundamentais na redução do consumo de energia elétrica são os diversos equipamentos e máquinas utilizados pela civilização industrial. Na tabela 7 encontram-se alguns exemplos de aumento de eficiência energética desses utensílios.

Tabela 7

Consumo de energia de novos utensílios (e protótipos) disponíveis no mercado norte-americano no início da década de 1990, comparativamente ao consumo médio dos mesmos utensílios disponíveis em 1985

	Redução em %		
Utensílio	redução média	melhor redução	protótipo
Frigoríficos	18	35	55-82
Ares-condicionados	5	45	52-59
Aquecedores de água	6	66	71-77

Fonte: N. Lenssen e D. M. Roodman, *State of the World 1995*, W. W. Norton & Company, Nova York.

• *Transporte*

O automóvel, além de permitir uma mobilidade e uma autonomia muito maiores do que os outros meios de transporte terrestre, confere *status* ao seu proprietário. Não surpreende, portanto, que tenha alcançado tamanho prestígio no mundo inteiro. Em 1950, havia um carro para cada 46 pessoas no mundo. Apesar do acelerado aumento da população mundial, em 1970, essa proporção já era de um carro para 18 pessoas e em 1997, era de um para 12. Em 1950, a frota mundial era de 50 milhões de carros e, em 1997, de 501 milhões, um aumento de quase 10 vezes.

O número de automóveis, nos países ricos, está estabilizando-se, mas não as distâncias rodadas. A distância média anual percorrida pelo motorista norte-americano subiu de 3.800 km, em 1950, para 9.700 km, em 1990. Entre 1970 e 1990, a quilometragem coberta por automóveis aumentou 10% mais rápido do que o próprio aumento do número de veículos. Um fenômeno que se repete em todos os países do mundo é que, com o passar do tempo e o crescimento das cidades, as pessoas têm de dirigir mais para realizar as mesmas tarefas diárias. Os Estados Unidos têm dados estatísticos sobre esse fenômeno que ilustram bem a tendência global de as pessoas permanecerem um tempo cada vez maior dentro do automóvel.

Tabela 8
Quilometragem anual em deslocamentos de automóveis para alguns objetivos entre 1969 e 1990

Objetivo	Variação em %
De casa para o trabalho	+ 16
Compras	+ 88
Negócios pessoais	+137
Social e recreação	– 1
Todos os objetivos (inclui outros não listados aqui)	+ 22

Fonte: United States Federal Highway Administration, *in* Lowe, *State of the World 1994*, W. W. Norton & Company, Nova York.

Ainda há a questão dos engarrafamentos, pesadelo dos habitantes das cidades do mundo inteiro que se encontram saturadas de automóveis, inclusive as principais capitais brasileiras. A velocidade média em Paris, na hora do *rush* matinal, é abaixo de 10 km/h. Este é um fato que se repete diariamente em cidades como São Paulo e Rio de Janeiro, Buenos Aires, Jacarta e Cidade do México. Uma avaliação indica que, nos Estados Unidos, as pessoas perdem, anualmente, de um a dois bilhões de horas presas em congestionamentos. Em Bancoc, são freqüentes os engarrafamentos de tráfego quase ininterruptos, que duram cerca de 22 horas.

Desde 1990, a General Motors (Estados Unidos) e a BMW (Alemanha) estão desenvolvendo protótipos de um automóvel elétrico. A Mercedes Benz (Alemanha) e a Mazda (Japão) anunciaram o estudo de veículos movidos a hidrogênio. Alguns desses modelos estarão disponíveis no mercado pelo final da década de 1990. Projetos suíços para veículos elétricos, usando materiais ultraleves e com aerodinâmica melhorada, deverão atender à necessária melhoria da eficiência. Esses veículos urbanos para dois passageiros têm — na maioria dos projetos — autonomia entre 50 km e 80 km, mas um dos protótipos pode alcançar até 400 km. Em 1993, a empresa sueca Volvo anunciou o desenvolvimento de um automóvel híbrido, de carroceria de alumínio, que, na cidade, usaria tão-somente baterias elétricas, mas, em longas distâncias (e a velocidades maiores), consumiria combustível na proporção de apenas 5,2 litros para cada 100 km. A recarga de baterias demanda energia elétrica, mas essa eletricidade pode ser fornecida por fontes limpas e renováveis, como a hidrelétrica, a solar e a eólica. A Toyota lançou, em dezembro de 1997, o seu automóvel híbrido, o qual possui dois motores elétricos e um a gasolina e produz 90% menos poluição do que os carros convencionais.

Os veículos ultraleves também são de extrema importância para o aproveitamento do hidrogênio, o combustível ideal. Infelizmente, o hidrogênio requer — no atual estágio tecnológico — tanques relativamente grandes e pesados, o que não combina com veículos leves. A combustão de hidrogênio emite somente vapor d'água e pequenas quantidades de óxidos de nitrogênio, mas os veículos com células de combustível de hidrogênio emitem apenas vapor d'água.

Algumas indústrias automobilísticas, como a Nissan japonesa e várias européias, estão trabalhando com outro aspecto ambiental: o desperdício de materiais, e já anunciaram planos de fabricar carros que sejam quase 100% recicláveis.

O grande progresso nas tecnologias de combustíveis e materiais de automóveis não resolve, contudo, o problema crônico dos congestionamentos. A criação de sistemas de transporte coletivo — com ênfase no modal sobre trilhos: trens e metrôs — é uma condição *sine qua non* para melhorar o tráfego caótico das grandes cidades, reduzir o consumo de petróleo e o nível de poluição atmosférica. Além disso, a construção, manutenção e operação desses sistemas tornar-se-ão, cada vez mais, fontes importantes de negócios e empregos. Também as bicicletas deverão transformar-se, a exemplo de vários países, em meio de transporte, e não apenas de lazer. Já há alguns anos a produção anual de bicicletas ultrapassou a de automóveis na proporção aproximada de três para um (Tabela 9).

Tabela 9
Produção Mundial de Bicicletas
(Anos Selecionados)

Ano	Produção (milhões)
1990	92
1991	99
1992	102
1993	106
1994	108
1995	109
1996	101

Fonte: Vital Signs 1998.

O número de pessoas no mundo que se desloca pedalando veículos de duas ou três rodas é maior do que o total transportado por automóveis. É importante lembrar que as bicicletas são muito mais eficientes que os automóveis em termos de utilização de recursos, inclusive espaço. A quantidade de norte-americanos que vai de bicicleta para o trabalho praticamente triplicou nos últimos dez anos. Atualmente, são cerca de três milhões. Bicicletas e triciclos puxados por um homem respondem por 20% das viagens de passageiros na Índia e no Paquistão, e por 43% do produto passageiro-quilômetro em Bangladesh.

A energia consumida por passageiro-quilômetro é de três a sete vezes maior no uso de carros particulares do que na utilização de ônibus ou trem. Bicicleta ou caminhada, obviamente, ainda são muito mais eficientes em termos energéticos — o combustível são as calorias absorvidas na alimentação — e completamente não poluentes. Uma ênfase especial deve ser dada ao desenvolvimento do transporte de massa, e importantes progressos têm sido obtidos nessa área. Por exemplo, há companhias americanas da Califórnia que já estão, ou brevemente estarão, arrendando, para empresas, furgões movidos a bateria elétrica e com capacidade para 14 passageiros. A energia necessária para o ar-condicionado é obtida através de um painel solar montado no teto do furgão.

Uma outra firma, em Nova York, está desenvolvendo um ônibus híbrido que gera eletricidade a partir de gás natural comprimido (Lowe, 1994). Converter ônibus a diesel em elétricos vai melhorar muito a qualidade do ar urbano, principalmente nos países do Terceiro Mundo, onde os motores de ônibus são menos eficientes e operam com combustíveis altamente poluentes. Uma empresa de Vancouver, Canadá, desenvolveu um ônibus com célula combustível à base de hidrogênio cujas vantagens foram demonstradas em várias cidades do país, em 1993 (Lowe, 1994).

Uma das perspectivas de melhoria no sistema de transporte de massa é a reencarnação dos populares *trolleys* do passado, rebatizados de *light rail*, que podem circular nas ruas normais, não havendo necessidade de construção de túneis e estruturas elevadas, têm o custo de instalação do sistema muito inferior aos dos metrôs subterrâneos e de superfície, e sua montagem é muito mais rápida. Calcula-se que um trem *light rail* com quatro carros, circulando à velocidade de 40 km/h, transportaria tantas pessoas quanto uma fila de automóveis que ocupasse cerca de 20 quarteirões de uma cidade.

Desde o final da década de 1980, começou a desenvolver-se, na Europa, um sistema de partilhamento de automóveis em áreas urbanas (*car-sharing networks*). Cada participante do sistema possui um cartão especial que lhe dá acesso a chaves de automóveis que estão estacionados em diversos pontos da cidade. Quando o indivíduo necessita de um veículo, ele entra em contato com o sistema, que lhe encaminha para o automóvel mais próximo do local onde se encontra. O European Car Sharing Network possui mais de 100 mil participantes, de 40 organizações, em 230 cidades, na Alemanha, Áustria, Holanda e Suíça. Estima-se que cada carro compartilhado substitua outros cinco (O' Meara, *in* Brown, 1999).

Uma das medidas mais importantes para reduzir o intenso e crescente tráfego de automóveis e outros veículos nos centros urbanos é uma nova forma de planejamento urbanístico. Na medida do possível, as atividades profissionais e sociais das pessoas devem ficar circunscritas a uma área pequena em torno da residência. A criação de novos núcleos urbanos e a expansão dos existentes devem ser planejadas com o objetivo de reduzir ao máximo as necessidades de deslocamento. Assim, trabalho, escola, compras e serviços diversos poderiam ser alcançados a pé, de bicicleta ou em viagens curtas de carro, ônibus ou metrô. A maior desconcentração de áreas de escritórios, comércio e ensino proporciona mais tempo disponível para o lazer, menos estresse, menores despesas com engarrafamentos e — conseqüentemente — melhor qualidade de vida.

• *Turismo*

O turismo ecológico está emergindo como um dos componentes mais promissores da indústria do turismo. Estima-se que, já em 1988, 235 milhões de pessoas tenham praticado esse tipo de turismo, o que acarretou uma atividade econômica avaliada em US$ 233 bilhões. O turismo ecológico bem orientado é uma das mais eficientes maneiras de envolver as populações locais na conservação da natureza. Caso contrário, elas continuariam utilizando métodos insustentáveis de exploração dos recursos naturais. O turismo ecológico está, assim, transformando-se em uma fonte de empregos duradouros.

Apesar de ser uma atividade que causa impactos, o turismo ecológico — bem administrado e controlado, utilizando profissionais que conheçam e gostem da fauna e da flora locais — é um dos maiores estímulos para a conservação de numerosos e importantes trechos do rico e variado patrimônio natural do planeta. A opção pelo turismo ecológico tem promovido a criação de parques e reservas particulares, além da ampliação das áreas sob administração governamental. Os proprietários dessas reservas perceberam o enorme potencial desse novo filão de turismo. São cada vez mais freqüentes no mundo inteiro — inclusive no Brasil, um país com uma das mais ricas biodiversidades e paisagens do mundo — grupos de turistas que viajam exclusivamente para observar aves, estudar plantas, conhecer os mamíferos da fauna nativa ou simplesmente repousar em locais ermos e conhecer belas paisagens selvagens. O turismo de natureza está aumentando de forma marcante a sua participação na entrada de divisas em um número crescente de países. Alguns, como a Costa Rica e o Quênia, têm o turismo ecológico como um dos principais negócios, quando não o principal.

- *Materiais e Serviços*

Em diversos lugares do planeta, há um sem-número de exemplos bem-sucedidos de reciclagem de materiais. Vários deles impressionam pelo elevado percentual de materiais reciclados, e outros, pela criatividade de suas transformações e utilizações. Apesar das perspectivas animadoras para a reciclagem e para as atividades industriais a ela atreladas, a exploração de matérias-primas virgens será sempre necessária.

A tradicional economia de materiais é altamente ineficiente em todos os seus aspectos. As técnicas de extração e processamento pouco eficientes, bem como a tendência ao consumo de bens superficiais, contribuem para que a sociedade industrial utilize muito mais materiais do que o necessário para atender às suas necessidades.

A redução do uso de materiais é — na opinião de vários especialistas — não apenas possível, mas essencial para a sobrevivência de nossa civilização. Schmidt-Bleek, do Instituto Wuppertal, Alemanha (em texto de 1993, não publicado), argumenta que criar uma economia sustentável de materiais exigiria uma redução de 50% no consumo mundial de materiais, o que significaria uma redução de 90% nos países industriais. Essa proposta, impossível de se alcançar na atualidade, demanda mudanças não apenas nas formas como as indústrias e os negócios operam, mas também na decisão das pessoas sobre o que comer, vestir, trabalhar, viajar e até sobre o que jogar fora.

Um dos fatores que mais agravam a crise de materiais na cultura do consumo é a durabilidade cada vez menor dos produtos. Um melhor conhecimento das propriedades dos materiais permite que a indústria projete mercadorias que funcionem bem durante um certo tempo, mas que tenham vida mais curta, obrigando o usuário a comprar uma mercadoria nova em um intervalo de tempo cada vez mais reduzido.

Preservar a base de recursos naturais exige a criação de uma economia que produza muito menos resíduos e possa funcionar com uma exploração relativamente pequena de matérias-primas virgens. Para tanto, será necessário desenvolver uma economia cujos serviços e bens necessitem de um número muito menor de materiais. Recuperá-los e reintegrá-los ao mercado é crucial na luta para reduzir a dependência de recursos virgens (Young e Sachs, *in* Brown, 1995). No entanto, será necessário ir além de sofisticados sistemas de reciclagem e reaproveitamento de materiais, com mudanças básicas no desenho da maioria dos produtos, e uma essencial — e inevitável — exigência: a de que se fabriquem produtos duráveis, bens cuja utilidade e eficiência sejam as mais longas possíveis, maximizando o uso.

Um dos princípios a se observar para a menor utilização de materiais — sugerido por J. Young e A. Sachs (*op. cit.*) — é o da partilha de bens e serviços. Da mesma forma que as pessoas vão às bibliotecas para que possam pegar emprestados livros que, se comprados, seriam lidos apenas uma vez, deve-se criar a mentalidade de partilhar coisas como discos, automóveis (o transporte solidário para o trabalho e outras atividades é uma das formas), vasilhames, equipamentos mecânicos e eletroeletrônicos, além de milhares de outros itens, que, na sua maioria, são de uso eventual.

Um outro princípio importante para a economia de matérias-primas é a necessidade de se manter o valor agregado dos materiais. Extração, processamento, refinamento, fabricação e acabamento, tudo isso adiciona valor à matéria-prima. São processos que também significam grandes custos ambientais. A eficiência dos materiais que fazem parte de um determinado produto — lembram Young e Sachs — pode ser parcialmente julgada pela quantidade de valor a ele agregado e que ele consegue manter. Quando um dado aparelho torna-se obsoleto poucos meses após ter saído da fábrica, como ocorre freqüente e repetidamente com os eletrônicos, e é substituído por um novo modelo, a economia desperdiça todo o esforço (trabalho, energia e materiais) aplicado na sua fabricação. Até os danos ambientais terão sido inúteis.

Da mesma forma, a concepção e o projeto de qualquer bem ou serviço devem estar inseridos em um contexto global. A eficiência material e energética de um produto é seguramente maior quando ele é visto como parte de um sistema mais amplo. No desenvolvimento de qualquer projeto, devem-se considerar a abundância ou a carência dos recursos naturais utilizados, o grau de impacto causado pela exploração e pela fabricação dos materiais e produtos envolvidos, sua durabilidade, seu destino final e seus efeitos ambientais. Devem ser considerados — em função da natureza do bem ou serviço — todos os componentes e seus potenciais impactos no meio ambiente. Tais considerações, além dos claros benefícios para a proteção dos recursos naturais, gera significativos ganhos econômicos, através da redução da quantidade de materiais e energia dispendidos. Esse procedimento, porém, só será maximizado quando essas considerações estiverem presentes do início ao fim do processo de criação da mercadoria ou serviço.

Novos materiais em estudo, ou em desenvolvimento, por tecnologias modernas são de importância fundamental para a economia de matérias-primas escassas e para a menor geração de resíduos. Um dos exemplos mais marcantes é o do plástico biodegradável, que está sendo testado em diversas partes do mundo.

No Brasil, um projeto conjunto do Instituto de Pesquisas Tecnológicas do Estado de São Paulo (IPT), do Centro de Tecnologia da Cooperativa dos Produtos de Cana, Açúcar e Álcool do Estado de São Paulo (CTC/Copersucar) e do Instituto de Ciências Biológicas da Universidade de São Paulo (ICB/USP), iniciado em 1993, visa à fabricação de plástico biodegradável. Foi desenvolvido um plástico com as mesmas propriedades dos polímeros tradicionais, sintetizados a partir do petróleo. O novo produto, feito com base na cana-de-açúcar, apresenta vantagens óbvias: abundância de matéria-prima, redução dos custos de produção, independência do petróleo — um combustível com pouco tempo de sobrevida — e não agressão ao meio ambiente.

O plástico biodegradável, do tipo desenvolvido pelo projeto de cana-de-açúcar, é o único capaz de ser metabolizado por microorganismos, sendo efetivamente biodegradado em prazo inferior a um ano, ao contrário dos plásticos hidrossolúveis, fotodegradáveis ou semidegradáveis.

Infelizmente, por motivos principalmente econômicos e por força da inércia que impede as mudanças urgentes, o plástico biodegradável levará ainda um bom tempo para ter uma participação significativa no mercado. De acordo com uma projeção da Universidade de Massachusetts (Informe do Programa de Apoio ao Desenvolvimento de Ciência e Tecnologia, outubro de 1993), o plástico biodegradável será apenas 3% do total consumido em 2002, sendo que o aterro e a incineração (isto é, a perda total do material e a conseqüente poluição) somarão 55%, enquanto a reciclagem responderá por 42% do plástico consumido. Apesar disso, o plástico do futuro será feito à base de vegetais.

Um produto cujos resíduos podem ter diversas aplicações é a conhecida bananeira. Pesquisadores da Escola Superior de Agricultura Luiz de Queirós (ESALQ), da Universidade de São Paulo, desenvolveram várias utilidades para os resíduos da bananeira. O reaproveitamento do que sobra nas plantações tem sentido não apenas econômico e social, mas também ambiental, pois uma enorme parte dos resíduos é despejada nos rios, produzindo grandes impactos, como a redução da oferta de oxigênio para peixes e outros organismos. Somente no Vale da Ribeira, no sul do estado de São Paulo — onde se concentram 20% da produção brasileira —, é colhido anualmente cerca de um milhão de toneladas de banana, com sobras de 340 mil toneladas de resíduos secos.

Entre as várias aplicações da banana, a fruta mais popular do Brasil, estão a sua utilidade como fibras em blocos de cimento para construção, que os tornam mais resistentes a impactos e 30% mais leves, a fabricação de objetos artesanais, como móveis fabricados com palha da planta, a produção de ração animal e produção de tecidos, os quais já estão sendo utilizados por japoneses na fabricação de gravatas.

O cobre — cujas reservas conhecidas deverão esgotar-se em menos de 30 anos (dado de 1996) — tem sido substituído, em sistemas de comunicação de longa distância, por fibras ópticas feitas de vidro. Um satélite atual, pesando 250 kg, tem um desempenho muito mais eficiente do que os cabos telefônicos transoceânicos, que pesavam até 150 mil toneladas. O uso de novos materiais tem reduzido, portanto, o consumo de diversos outros, como aço e cobre, mas vem aumentando o de seus substitutos, como alumínio e plástico.

• *Agricultura Sustentável*

A Revolução Verde, que se desenvolveu em grande escala nas décadas de 1950 e 1960, permitiu um crescimento extraordinário na produção mundial de alimentos, crescimento que vinha superando o aumento da própria população mundial. Não obstante as grandes diferenças tecnológicas entre os diversos países, o que praticamente concentrou a Revolução Verde em um pequeno número de nações ricas, os seus benefícios alcançaram o mundo todo, reduzindo — em termos percentuais — a fome crônica. Mas a agricultura moderna, baseada no uso intensivo de fertilizantes e biocidas e em extensas monoculturas, mostra cada vez mais sinais de fracasso (ver "Crescimento Populacional").

Não há dúvida de que o uso de fertilizantes químicos, de pesticidas, da irrigação e da mecanização do campo permitiu um crescimento da produção de grãos impossível de se imaginar na década de 1930. A colheita de milho nos Estados Unidos, por exemplo, tem hoje uma produtividade de três a quatro vezes maior do que a dos melhores anos daquela década. As sementes não são mais escolhidas a partir da colheita anterior, mas compradas entre as variedades híbridas produzidas em laboratórios. A agricultura passou a confiar menos nas habilidades desenvolvidas e transmitidas por fazendeiros tradicionais, e mais no arsenal químico para suprimir ervas daninhas e insetos e para corrigir a fertilidade declinante do solo.

A Revolução Verde tem se mantido à custa de uma utilização crescente de produtos químicos para sustentar um nível praticamente estável de produção. Além dos desequilíbrios ecológicos que tem provocado, com o conseqüente crescimento do número de pestes (demandando ainda mais biocidas), uma enorme quantidade de casos de intoxicação de trabalhadores rurais e de consumidores em geral e com o esgotamento da capacidade produtiva do solo, os modernos sistemas de produção alimentar estão entre as principais causas dos altos índices de desemprego no campo, acelerando a migração para os centros urbanos.

Felizmente, está se iniciando uma nova revolução agrícola, com níveis impressionantes de produtividade. Esta nova revolução é baseada em alternância de culturas, no uso de fertilizantes naturais, em métodos biológicos de controle de pragas e em muito suor honesto. Após a Segunda Guerra Mundial, o nível de produção tornou-se o único parâmetro com que se media o sucesso de um fazendeiro, desprezando-se os demais aspectos do manejo agrícola. Para os agricultores, os novos métodos eram parte do progresso inevitável — e irresistível. Contudo, havia ainda os que resistiam à nova onda da Revolução Verde e trabalhavam a sua terra sob uma ótica diferente, isto é, dentro de um conceito mais tradicional sobre o que representa a terra e sua responsabilidade para com ela.

As práticas dos poucos fazendeiros que resistiram às mudanças tecnológicas desta segunda metade do século — a tendência para uma agricultura química, industrial — parecem, atualmente, revolucionárias. Seus princípios, novamente articulados, inspiraram novas pesquisas, novas ponderações. Eles deram força a um movimento denominado Agricultura Sustentável, ou Orgânica, que tem como princípio a cooperação com a natureza, a maior independência financeira de bancos e subsídios governamentais e uma utilização bem menor de produtos químicos e de petróleo.

Colheitas de cobertura, como ervilhas e diversas outras leguminosas, são algumas das razões para se evitar o uso da maioria dos químicos sintéticos. Primeiro, essas leguminosas fornecem naturalmente um nutriente essencial ao solo, o nitrogênio, reduzindo ou eliminando a necessidade de fertilizantes industriais. Segundo, algumas colheitas de cobertura fornecem abrigo para insetos benéficos, que predam percevejos nocivos. Com um controle biológico bem gerenciado, a aplicação de inseticidas pode ser drasticamente reduzida ou mesmo eliminada. Por último, a utilização das colheitas de cobertura diminui muito a erosão e impede o surgimento de ervas daninhas competitivas, suprimindo, assim, o uso de herbicidas.

Os benefícios ambientais da agricultura orgânica são bastante claros. Além dos citados anteriormente, uma redução drástica no uso de produtos químicos protege rios, lagos e lençóis freáticos contra a poluição e diminui profundamente os danos à fauna. Além disso, os benefícios econômicos são igualmente tentadores. Há vários exemplos para ilustrar essa constatação: os fazendeiros da Pleasant Grove Farms, na Califórnia, cultivam arroz, trigo, milho, amêndoas e feijão orgânicos. Praticamente todo o seu arroz é vendido para um grande distribuidor de arroz orgânico. A produção máxima de arroz cultivado convencionalmente (pela Revolução Verde) é de cerca de 112 kg/ha, enquanto em Pleasant Grove é de 95 kg/ha. Como o preço de mercado do arroz orgânico atinge mais do que o dobro do valor do arroz convencional, são também óbvias as vantagens financeiras da agricultura sustentável. Além disso, os agricultores convencionais de arroz gastam mais de US$ 120 em fertilizantes nitrogenados por hectare, e entre US$ 120 e US$ 150 em herbicidas, sem contar o uso eventual de inseticidas (Sills, 1995).

Atualmente, está bastante claro que a qualidade do solo deteriora-se continuamente sob os rigores da agricultura convencional. Os fertilizantes químicos, utilizados no lugar dos naturais, privam o solo da matéria orgânica necessária ao cultivo da terra, afetando a sua textura, a oferta de nutrientes e a sua capacidade de reter umidade e, com isso, a sua fertilidade (Klinkenborg, 1995). Um exemplo das conseqüências do uso maciço e contínuo de fertilizantes é de uma fazenda no estado americano de Nebrasca, segundo relato de Klinkenborg (1995). Desde 1950, essa fazenda planta milho e, para sustentar 45 anos de uma colheita que demanda uma grande concentração de nitrogênio, foram aplicadas quantidades elevadas de fertilizante no solo, contaminando o lençol freático com nitratos. Por isso, várias pequenas cidades e fazendas da região tiveram de abrir poços profundos — e caros — para encontrar água segura que substituísse aquela que se tornou imprestável. Lamentavelmente, esse é um fato que se repete, com freqüência crescente, em torno de grandes e médias plantações, nos mais diversos lugares do mundo.

A agricultura sustentável tem também como princípio a alternância de culturas, respeitando as estações do ano. Dependendo do clima, é possível alternar, ano após ano, plantas como trigo, centeio e aveia, nas estações frias, e trigo sarraceno e milhete, nas quentes, bem como cultivar plantas forrageiras e de folhas largas entre plantas de raízes profundas e rasas, entre leguminosas enriquecedoras do solo e outras (Kirschenmann *apud* Klinkenborg, 1995). O exemplo citado é de agricultura em clima temperado, mas o princípio é igualmente válido para regiões tropicais. A dança de plantações é, em qualquer clima, fundamental para romper o ciclo de doenças e pestes agrícolas e para restaurar os nutrientes do solo.

Na agricultura tradicional, muitas vezes o pesticida utilizado em um determinado ano mostra-se ineficaz no ano seguinte, uma vez que os indivíduos sobreviventes desenvolvem resistências. Neste caso, aumenta-se a dose ou o fazendeiro é obrigado a comprar um novo tipo de pesticida, normalmente mais caro (e mais tóxico). A cada ano, a margem de lucro é reduzida. Somente nos Estados Unidos, quase 340 mil toneladas de pesticidas são aplicadas anualmente e, no entanto, o número de colheitas perdidas por ataque de pestes é maior do que antes do uso intenso desses produtos tóxicos (*idem*). De acordo com David Pimentel, da Universidade Cornell, as perdas agrícolas norte-americanas devidas a pestes representam 37% do total.

Entre as diversas razões óbvias para a opção pela agricultura orgânica está o fato de que a Revolução Verde é grande consumidora de combustíveis fósseis, seja na produção industrial de seus componentes químicos, seja na intensa mecanização agrícola. Mesmo sem se considerar os conhecidos malefícios da sua combustão, a realidade é que as reservas de petróleo estarão virtualmente esgotadas em décadas. Entretanto, como uma corrente que nos arrasta e contra a qual não oferecemos resistência, mesmo não sabendo aonde ela nos levará, o uso de fertilizantes químicos e agrotóxicos é adotado sem grandes questionamentos pela enorme maioria dos agricultores. Na opinião de um consultor agrícola, "a transição para a agricultura sustentável é 90% psicológica e 10% tecnológica".

Na opinião de Verlyn Klinkenborg, um autor de textos sobre agropecuária, "é tentador acreditar que a sustentabilidade começa e termina na fazenda. Mas não é nem onde começa nem onde termina [...]. É o consumidor quem deveria — mas que freqüentemente deixa de fazê-lo — ter a voz final sobre o modo como os fazendeiros devem lavrar a terra". Um dos maiores desafios é, sem dúvida, estruturar sistemas de distribuição que coloquem em contato o pequeno produtor e o consumidor. Apesar das dificuldades, felizmente começa a formar-se, pouco a pouco, um mercado de alimentos orgânicos, em diversos países do mundo, inclusive no Brasil.

PARTE IV

A Erosão da Sociedade de Consumo

1. A Face Perversa do Capitalismo

A promessa de sujeição da natureza, abundância material, felicidade para um maior número de indivíduos e conforto promovido por uma tecnologia sem limites manteve a fé e a esperança das gerações que se sucederam desde o início da era industrial. Esta foi a Grande Promessa de Progresso Ilimitado, como a chamou Erich Fromm (1976) em uma importante análise crítica da sociedade de consumo. As extraordinárias descobertas e invenções humanas, principalmente nos campos da geração de energia, de transformação de materiais, da eletrônica e, mais recentemente, da cibernética, levaram o homem a crer que estava a caminho da produção ilimitada e, por conseguinte, do consumo ilimitado. "A técnica nos tornou onipotentes e a ciência nos fez oniscientes."

Tanto o capitalismo quanto o socialismo e o comunismo supunham que a realização de riqueza e bem-estar para todos redundaria em irrestrita felicidade global. "A trindade de uma nova religião passou a ser produção ilimitada, liberdade absoluta e felicidade irrestrita", afirma Fromm.

A grandiosidade da Grande Promessa, as fabulosas realizações materiais e intelectuais da era industrial devem ser encaradas, a fim de se compreender o trauma que a percepção do seu fracasso está produzindo hoje. Afinal, a era industrial de fato deixou de cumprir sua Grande Promessa, e cada vez mais se forma o consenso de que:

— A satisfação irrestrita de todos os desejos não é conducente ao *bem-estar*, nem é a via para a felicidade ou mesmo para o máximo prazer.
— O sonho de sermos senhores independentes de nossa vida terminou quando despertamos para o fato de que nos tornamos todos peças ínfimas da máquina burocrática, com nossos pensamentos, sentimentos e gostos manipulados pelo governo, pela indústria e pelas comunicações de massa, que controlam tudo.
— O progresso econômico continuou restrito às nações ricas, e o fosso entre nações ricas e pobres aumenta cada vez mais.
— O próprio progresso tecnológico ensejou perigos ecológicos e riscos de guerra nuclear, cada um dos quais — ou ambos — capaz de acabar com toda a civilização e possivelmente com a vida.

Fromm sustenta que o fracasso da Grande Promessa — à parte as contradições econômicas essenciais do industrialismo — efetivou-se no sistema industrial graças a duas premissas psicológicas principais: a) que o objetivo da vida é a felicidade, isto é, o prazer máximo, definido como a satisfação de todos os desejos ou necessidades subjetivas que alguém possa sentir (hedonismo radical); b) que o culto do eu, o egoísmo e a voracidade que o sistema precisa gerar para funcionar levam à harmonia e à paz. Os grandes pensadores que se dedicaram a esse tema interessavam-se pelo bem-estar da humanidade em um nível ideal. O elemento essencial do pensamento deles é a distinção entre aquelas necessidades (desejos) que são apenas subjetivamente sentidas, e cuja satisfação leva ao prazer momentâneo, e aquelas necessidades profundas da natureza humana cuja realização conduz ao aprimoramento humano e produz o bem-estar. Em suma, interessavam-se pela distinção entre necessidades pura e subjetivamente sentidas e necessidades objetivamente válidas.

Infelizmente, o homem moderno parece incapaz de compreender o espírito de uma sociedade — como foi a sociedade medieval, ou como são algumas poucas sociedades ainda não contaminadas pelas idéias modernas de "progresso" — que não esteja centrada na competição e na avidez. Vivemos em uma sociedade aquisitiva, na qual adquirir, possuir e obter lucro são direitos sagrados e inalienáveis da sociedade industrial. Esse é um corolário da ideologia capitalista. Um número crescente de pensadores começa a contestar a validade — e a identificar os malefícios — de uma civilização baseada no consumo material e na competição por riqueza e poder. Alguém já afirmou que a competição desperta o que há de melhor nas empresas... e de pior nas pessoas.

Pode-se cada vez mais verificar, no mundo de negócios, que o excesso de competição entre as empresas está moendo as pessoas. O historiador e cientista político Edward Luttwak, romeno naturalizado americano, declara que essa competição é cruel do ponto de vista humano e contraproducente sob o aspecto econômico (*Veja*, 1995). "A competição capitalista contribuiu para tirar milhões de pessoas de uma situação de miséria humilhante e sórdida. A competição turbinada, sem freios, de nossos dias está fazendo justamente o contrário", diz Luttwak, criador do termo turbocapitalismo, que vem a significar o elevado grau de livre comércio, de competição e de busca de eficiência do capitalismo atual. Essa realidade está tirando a serenidade da vida, a tranqüilidade da convivência familiar e concentrando renda, sem sangue, como nunca se viu na história recente da humanidade.

Não há dúvida de que a livre iniciativa proporcionou, principalmente a partir do início da Era Moderna, um acelerado progresso, que permitiu ao homem um controle maior das ameaças naturais, uma melhor alimentação, uma crescente expectativa de vida, enfim, um notável crescimento na sua qualidade de vida. A progressiva veneração dos bens econômicos em uma sociedade baseada na cultura do dinheiro tem revelado, contudo, a sua face diabólica, subversiva, corrupta. O jornalista Fernando Pedreira afirma, em artigo publicado em setembro de 1995 por um jornal carioca, que a sociedade capitalista, o verdadeiro nome da sociedade do progresso rápido, é "filha do demônio". O capitalismo trouxe, antes, o progresso, mas — reconhece Pedreira — "subverte antigas estruturas, destrói valores ancestrais e joga pessoas e setores da economia uns contra os outros".

A face sórdida do capitalismo está cada vez mais exposta. Luttwak (1995) lembra que ela se manifesta na forma da competição selvagem, na busca da eficiência econômica como o bem final de uma sociedade. Os Estados Unidos tornaram-se a grande usina do turbocapitalismo, e a sociedade norte-americana já está pagando o preço dessa aposta. Apesar de a economia americana apresentar uma pujança econômica sem paralelo no mundo, o país assiste ao aumento de distorções sociais que existiam apenas nos países em desenvolvimento, com sofríveis indicadores nesse domínio. O historiador dos Estados Unidos revela que o PIB dobrou nos últimos 30 anos, mas praticamente toda a riqueza produzida foi parar nas mãos de apenas 1% da população. Segundo Luttwak, essa ínfima parcela da sociedade mais rica do mundo detém 40% de toda a riqueza do país.

"A situação de competição darwinista imposta às pessoas está tornando-se socialmente intolerável", garante Luttwak. A crescente desregulamentação total da economia, o comércio cada vez mais livre e a busca obstinada de eficiência econômica geram mais competição, mais insegurança e afetam as relações sociais. Mas produzem também mais degradação do meio ambiente e mais poluição. Luttwak insiste que é preciso abandonar o senso de inevitabilidade do turbocapitalismo e repensar a dinâmica econômica.

A xenofobia, a intolerância e o racismo, em crescimento não apenas em países europeus, tentam responsabilizar os estrangeiros e as minorias pelos seus fracassos, em uma sociedade cada vez mais insanamente competitiva. Essas atitudes servem de cortina de fumaça para a dura realidade da cultura econômica que se espalha pelo mundo: tanto em Kinshasa ou Los Angeles, em Bagdá ou Berlim, é cada vez maior o total de indivíduos definitivamente excluídos da vida econômica. Como afirmou o poeta e ensaísta alemão Hans M. Enzensberger, "já não vale mais a pena explorá-los". Não apenas os países em desenvolvimento, mas parcelas crescentes das populações dos países considerados desenvolvidos não conseguem acompanhar a acirrada disputa da qualificação profissional (ver "A Crise do Desemprego"). Sem dúvida, desde que passou a ser uma realidade global, o mercado mundial — baseado em um injusto sistema internacional de trocas — vem produzindo mais perdedores que ganhadores.

Diversas teorias modernas analisam as graves questões sociais, econômicas e ambientais da atualidade como sintomas inevitáveis de adaptação a um mundo dinâmico. A modernização global é encarada como um processo linear irrefreável. Guerra civil, exclusão social, violência urbana e poluição são definidas como contradições inerentes ao progresso. Países pobres (mas não necessariamente miseráveis), fundamentalismo, conflitos tribais e etnias nômades são vistos como manifestações de atraso cultural. Na opinião de Enzensberger (*Guerra civil*, 1995), a versão vulgar desse ponto de vista assume o seu ápice na afirmação de que outras sociedades estariam vivendo "na mais obscura Idade Média".

Prossegue Enzensberger:

> "Essa concepção desenvolvimentista é fundamentalmente otimista. Superados os antigos e tradicionais modos de produção e mentalidades, nada mais obstruiria o caminho para um futuro feliz. As sociedades atrasadas precisariam seguir apenas a trilha de seus precursores progressistas. Mas, infelizmente, esse modelo histórico-filosófico está, ele próprio, defasado, pois o projeto de modernização fracassou; não se apresenta solução alguma para aqueles "que ficaram para trás", não importa onde eles estejam. Por razões ecológicas, demográficas e econômicas, o desnível de modernização jamais poderá ser corrigido; pelo contrário, ele aumenta a cada ano. Todos sabem disso, do trabalhador rural "sem-terra" e do metalúrgico desempregado ao apático delinqüente e ao confuso líder de gangue."

Os efeitos da degradação ambiental não podem ser tratados sem que se combatam as suas causas. O capitalismo moderno deu à luz o consumismo, o qual criou raízes profundas entre as pessoas. O consumismo tornou-se a principal válvula de escape, o último reduto de auto-estima em uma sociedade que está perdendo rapidamente a noção de família, de convivência social, e em cujo seio a violência, o isolamento e o desespero dão sinais alarmantes de crescimento.

2. Violência e Alienação Sociais

Há bastante tempo pode-se verificar o aumento da violência nas metrópoles, mas não apenas nelas. Com o final da Guerra Fria, o medo de um potencial conflito nuclear, que angustiava o mundo, foi substituído pela triste realidade de 50 conflitos armados em 1991, que se reduziram para 25 em 1997. Guerras intestinas, de fronteiras, ou entre grupos étnicos tendem aparentemente a se multiplicar. Ao contrário dos conflitos históricos, as atuais guerras moleculares envolvem cada vez mais as populações civis, com óbvias conseqüências. Na guerra de Estado clássica, o aparelho do poder ficava fortalecido, mas, na guerra civil, existe a ameaça permanente do colapso da disciplina e da desagregação de milícias em bandos armados, que disseminam o caos.

Mas provavelmente é nas grandes cidades que se percebem mais nitidamente a intensificação e a expansão da violência. É uma metástase visível não apenas no Rio de Janeiro, em Lima, Bombaim ou Lagos, mas também em Boston, Berlim, Milão ou Birmingham. Nela tomam parte não apenas agentes secretos, terroristas, mafiosos, esquadrões da morte, traficantes de drogas, seguranças, grupos fascistas e xenófobos e *skinheads*, mas também cidadãos acima de qualquer suspeita, que anonimamente transformam-se em justiceiros, vingadores, incendiários, *hooligans* ou *serial killers*. Há uma característica comum à violência social da atualidade: ela já prescinde de justificativas, isto é, não possui sequer um ideário a sustentá-la. O estresse provocado pelo ritmo da vida moderna, pela competição e pelo materialismo é justificativa suficiente.

Enzensberger chama a atenção para o caráter autista desses criminosos, assim como para a sua incapacidade de distinguir entre destruição e autodestruição. Nas guerras civis do presente, esvaiu-se a legitimidade. A violência libertou-se completamente de fundamentações ideológicas. As guerras de quadrilhas nos guetos norte-americanos não se encaixam nos esquemas das históricas lutas de classes. Não apenas lá, mas nas cidades em geral, as vítimas de assaltos, pilhagens e assassinatos são sobretudo os próprios pobres e negros, ou chicanos, ou asiáticos, conforme o lugar. Em Los Angeles, lembra Enzensberger, o alvo das revoltas não foram os bairros das requintadas vilas residenciais, mas principalmente as instalações de sua própria comunidade (entre elas, a mais antiga livraria norte-americana, pertencente então aos negros). Na luta de gangues atuam por toda parte perdedores contra perdedores.

Os criminosos da atualidade não necessitam dos rituais, uniformes, programas, juramentos e toda sorte de ícones que faziam parte de movimentos fanáticos, como os de grupos fascistas e nazistas, juventudes comunistas ou Ku-Klux-Klan. Não precisam mais de um líder. O ódio é suficiente. O terror, que já foi um monopólio dos regimes totalitários, hoje cresce independente do Estado, e cresce de forma alarmante nos países industrializados, praticado por habitantes locais, e não apenas por terroristas infiltrados. Prossegue Enzensberger:

> [...] desta forma, qualquer trem de metrô pode tornar-se uma Bósnia em miniatura. Para um novo "pogrom", não se necessita mais de judeus; e para uma nova purificação social, dispensa-se a presença de indesejáveis contra-revolucionários. Basta que alguém torça para um outro time de futebol, que a sua quitanda prospere mais do que a do vizinho, que se vista melhor, que fale uma outra linguagem, que precise de uma cadeira de rodas ou use um lenço na cabeça. A mínima diferença passa a significar um risco de vida.

Certamente, o ódio sempre fez parte da história do mundo, mas hoje em dia ele está penetrando em cada poro da vida cotidiana e espalhando-se em todas as direções. Qualquer motivo, ou mesmo a falta dele, serve como estímulo a atos de vandalismo. Um assistente social francês da periferia de Paris informa: "Eles já quebraram tudo, as caixas de correio, as portas, as escadarias. Saquearam e demoliram o hospital em que os seus pequenos irmãos e irmãs são tratados de graça. Ignoram qualquer regulamento, arrasam simplesmente escolas e consultórios médicos e dentários. Basta que lhes construam um campo de futebol para que eles o destruam serrando as traves." A isso, Enzensberger chama de *reductio ad insanitatem*. No estado de demência coletiva, ao mesmo tempo assassina e suicida, desaparece qualquer perspectiva de futuro, persistindo apenas o tempo presente. Conseqüências deixam de existir, neutraliza-se a atividade reguladora do instinto de preservação da vida.

O aumento da violência social é um fenômeno sentido no mundo inteiro, mesmo apresentando índices muito desiguais de crescimento, conforme a região. A taxa de homicídios nos Estados Unidos é de dez casos anuais para cada cem mil habitantes, dez vezes maior que a taxa da Inglaterra, França ou Alemanha, enquanto São Paulo apresenta a fantástica taxa de 20 assassinatos por cem mil habitantes ao ano (cerca de oito vezes maior que a de 1975), equivalente às das principais metrópoles do Terceiro Mundo.

Homicídios já são a segunda causa mais freqüente de morte entre os jovens norte-americanos, vindo logo depois dos acidentes automobilísticos. A terceira causa são os suicídios, indicando um assustador aumento de males psíquicos. A alienação patológica, muitas vezes homicida e destruidora, é uma marca dos tempos modernos. Um rancor destrutivo conduz os jovens à violência, que, apenas em alguns casos, é canalizada para formas socialmente toleráveis, como a obsessão por automóveis, comida, trabalho ou mesmo alcoolismo, racismo e violência familiar.

Quais serão as causas do crescimento desses males sociais no seio das sociedades mais ricas e ditas civilizadas? Certamente, não há apenas uma resposta, muito menos uma resposta simples. Mas uma teoria recente, revolucionária e ousada talvez possa lançar alguma luz sobre a complexidade dessas questões e, por isso, começa a ganhar um número crescente de adeptos. É a psicologia evolucionária, desenvolvida por um grupo de *scholars* americanos. Eles começam a esboçar os contornos da mente humana, produto da seleção natural. Alguns até antecipam uma certa "teoria do incompatível", que estudaria doenças resultantes dos contrastes entre o ambiente moderno e o "ambiente ancestral", no qual evoluiu a espécie humana.

Não há escassez de doenças para serem estudadas dentro desse novo campo. Em alguns países industriais, a proporção de indivíduos vítimas de depressão tem dobrado a cada dez anos, aproximadamente. Quinze por cento dos americanos já apresentaram alguma forma de desordem mental clínica, índice que certamente se assemelha aos da maioria das nações industriais (ou em processo de industrialização), apesar da ausência de dados oficiais.

As pessoas que vivem na sociedade moderna, principalmente nas grandes cidades, são com freqüência sobrecarregadas por uma correria neurótica de compromissos diários, ou sentem-se engasgadas pela sensação de isolamento social, ou, curiosamente, por ambos. Muitas vezes encontram-se tomadas pelo sentimento de uma vida completamente sem objetivo ou sem sentido, ou ainda acuadas, durante dias, por uma ansiedade não resolvida. Sentem a infelicidade de seu isolamento e o vazio de sua "aglomeração". Qualquer que seja a causa do estresse que aflige as pessoas, elas são, de vez em quando, assaltadas pela idéia de que o frenesi da vida moderna é algo para o qual não estão adaptadas. E talvez não estejam mesmo. Robert Wright, em reportagem da revista *Time*, de agosto de 1995, lembra que a mente humana, isto é, nossas emoções, nossos desejos e necessidades, evoluiu em condições ambientais em que não existia, por exemplo, o telefone celular. Nem, a propósito, telefones regulares, telégrafos e mesmo hieróglifos — como naturalmente nem carros, ferrovias e charretes. Isso é bastante óbvio. E daí?

Daí, afirma a psicologia evolucionária que os crescentes problemas de estabilidade emocional e das relações sociais, característicos dos tempos modernos, ocorrem em função do conflito entre a estrutura mental humana e o ambiente de *high tech* em que vivemos. "Freud e vários pensadores desde então", lembra Wright, "viam a 'civilização' como uma força opressiva que frustra os impulsos animais básicos, como agressão e luxúria, transmutando-os em psicopatologia." Mas a psicologia evolucionária sugere, ao contrário, que a forma como a civilização (atual) frustra a civilidade é a maior ameaça à saúde mental das pessoas. Há na natureza humana um lado mais afável e gentil, que parece ser vítima crescente de repressão, fenômeno provocado por uma civilização que exacerba a competição, o exibicionismo e o consumismo.

Essas condições levam os indivíduos a ficarem desconfiados, isolados e a evitarem o contato social, no sentido íntimo, natural da palavra. Na verdade, em milhares de pequenas (e fascinantes) formas — do telefone ao forno de microondas, do computador ao avião —, a tecnologia tem erodido os vínculos da solidariedade e interdependência entre vizinhos. Naturalmente, ninguém propõe que se retorne às estruturas sociais tribais, onde, como ainda se via neste século entre povos como os aborígines australianos, as mulheres davam de mamar aos filhos de suas vizinhas, enquanto estas saíam à cata de alimentos. Já não é mais possível resgatar tais condições de solidariedade social, principalmente na maioria das cidades, mas não se pode negar que o acelerado progresso tecnológico está na origem dessa tendência de isolamento social, em que cada vez mais é incomum alguém pedir uma simples xícara de açúcar a um vizinho. À medida que as sociedades tornam-se mais ricas, um número crescente de pessoas vai morar sozinhas, o que contribui para o isolamento social. Nos Estados Unidos, 25% dos lares são ocupados por apenas um indivíduo. Esse índice era de 8% em 1940, e aparentemente zero em tempos ancestrais.

Tristeza e abatimento são condições naturais da espécie humana. O que não é natural é que essas condições assumam características patológicas, como a tristeza transformar-se em depressão aguda ou a ansiedade tornar-se crônica e paralisante. Tais doenças fazem parte dos males da modernidade, são conseqüência do ritmo de vida atual. Prova disso é uma pesquisa desenvolvida entre aldeãos rurais de Samoa Ocidental, uma ilha do Pacífico Sul, que — pelos padrões ocidentais — possuem níveis extraordinariamente baixos de cortisol, um subproduto bioquímico da ansiedade.

Desde Confúcio, filósofo chinês que viveu entre os séculos VI e V a.C., os sábios estão convencidos de que as relações sociais, tão comprometidas no mundo atual, são o aspecto fundamental da vida humana, porque o homem é um ser gregário, uma criatura social.

Talvez o símbolo definitivo da tecnologia que promove isolamento social seja a televisão. À medida que aumentam as opções de canais e programas — seja de TV a cabo ou por satélite, de videodisco ou cassete —, diminui o convívio entre as pessoas. O professor Robert Putnam, de Harvard, utilizou — em um ensaio intitulado *Bowling Alone* — a morte das ligas de boliche como uma metáfora para a forte tendência de diversão não social (*Time*,

1995). "A tecnologia eletrônica permite que as predileções individuais sejam satisfeitas mais intensamente", afirma Putnam, "mas com o custo da gratificação social, que é associada com as mais primitivas formas de diversão." Quando alguém assiste a 28 horas semanais de televisão, que é a média norte-americana (não muito diferente da média de vários outros países), isso é feito à custa da convivência social.

Randolph Nesse, um psiquiatra evolucionário, acentua que a televisão também pode distorcer a nossa autopercepção. Sendo uma espécie socialmente competitiva, o ser humano naturalmente se compara com as pessoas com as quais convive, o que — no ambiente ancestral — significava ter os cidadãos de sua vila como termo de comparação. Naquelas condições, era obviamente mais fácil para o indivíduo destacar-se em algum aspecto da vida. Mas, atualmente, as pessoas comparam a sua própria vida com "as vidas fantasiosas que vemos na televisão". Nesse observou, em seu livro *Why We Get Sick: the New Science of Darwinian Medicine*, escrito com o biólogo evolucionário George Williams, que "nossas próprias mulheres e nossos maridos, pais e mães, filhos e filhas podem ver-se profundamente deficientes, por comparação. Assim, ficamos insatisfeitos com eles e mais ainda com nós mesmos". O artigo da *Time* lembra, ainda, que, pelo que assistimos na televisão, ficamos também insatisfeitos com o nosso padrão de vida. Wright usa como exemplo as várias cidades norte-americanas, que, com o início das transmissões de TV, na década de 1950, viveram um salto nos seus índices de roubos.

A verdade é que muitos lamentam a decadência dos valores tradicionais, mas entusiasticamente defendem o progresso tecnológico e o crescimento econômico, sem se darem conta de que estes são a causa dessa decadência. Octavio Paz, em uma análise cáustica sobre as sociedades industriais modernas, escreveu:

> [...] elas convertem os homens numa massa homogênea; os modernos parecem todos saídos de uma fábrica. Por outro lado, fizeram de cada um destes seres um solitário. As democracias capitalistas não criaram a igualdade, mas a uniformidade, e substituíram a fraternidade pela luta permanente entre os indivíduos.

O capitalismo moderno ameaça enveredar por uma forma de fascismo tecnocrático, levando a uma sociedade de robôs bem programados, destituídos de pensamento e empobrecidos de valores.

O acelerado avanço tecnológico não está proporcionando nem maior felicidade aos indivíduos nem um inquestionável progresso do espírito humano. As pessoas, em geral, vêem a materialização da sociedade humana como algo que vai conduzi-las ao paraíso, como produto inexorável de um determinismo histórico. O romancista, poeta e filósofo inglês Aldous Huxley (1894-1963), em texto de 1947, intitulado *Reflexões sobre o progresso*, escreveu:

> [...] após duas guerras mundiais e três grandes revoluções, sabemos que não existe necessariamente correlação entre a avançada tecnologia e a avançada moralidade. Muitos primitivos, cujo controle sobre o meio ambiente era rudimentar, conseguiram ser felizes, virtuosos e, dentro do possível, criativos. Membros de sociedades civilizadas dotados de recursos tecnológicos suficientes para exercer considerável controle sobre o meio ambiente são, ao contrário, incontestavelmente infelizes, desajustados e sem criatividade.

O crescente controle tecnológico do ambiente natural não constitui por si só o progresso humano.

Os seres humanos revelam uma enorme capacidade de acreditar em tudo. Em pouco tempo, qualquer invenção nova ou novos privilégios políticos e econômicos passam a ser considerados como parte da ordem natural das coisas. Huxley chama a atenção para o fato de que, "quando alcançado, um objetivo longamente almejado torna-se lugar-comum. Não gastamos nosso tempo comparando a felicidade presente com a miséria do passado; em vez disso, aceitamos a felicidade como um direito nosso e tornamo-nos amargamente ressentidos se formos privados dela, mesmo que temporariamente".

3. A Defesa Intransigente dos Privilégios ("A Cultura do Contentamento")

Uma das maiores dificuldades que os governos encontram para investir em preservação ambiental é a resistência dos segmentos sociais mais ricos. Isso é verdade também para a aplicação de recursos públicos na área social. A reação das camadas "bem de vida" não é apenas contra quaisquer aumentos de impostos, mas também contra despesas públicas nas quais elas não vislumbrem benefícios imediatos. Essa reação se dá através da pressão da imprensa, normalmente afinada com os interesses dessas camadas, de *lobbies* e da atuação de governantes e parlamentares, que, mesmo quando eleitos com plataformas sociais ou ambientais, raramente conseguem resistir às pressões.

As questões sociais, econômicas e ambientais — que devem ser abordadas de forma conjunta — não serão resolvidas e não encontrarão sustentabilidade a longo prazo se não houver contribuição e sacrifício de todos, mas principalmente das classes mais ricas. Com um poder crescente, entretanto, os bem de vida, em geral, lutam apenas para proteger seus interesses e privilégios, aumentando cada vez mais a concentração de renda nas mãos das pessoas e países mais ricos, fenômeno que vem se acentuando mundialmente ao longo das últimas décadas. Os enormes desníveis de renda inter e intrapaíses não são sustentáveis a longo prazo. Não se pode viver por muito tempo como uma ilha de paz e prosperidade num mar de miséria e degradação. Infelizmente, o imediatismo e a ganância prevalecem sobre o bom senso e impedem a adoção de medidas sérias e inteligentes, ainda que dolorosas.

Mesmo quando há uma concordância geral de que são necessários investimentos em setores como saneamento básico, escolas primárias gratuitas, transporte de massa e outras estruturas públicas, e de que todas essas estruturas estão muito aquém das necessidades presentes e futuras, encontra-se uma resistência, vigorosa e eficaz, de parte de setores poderosos da economia. J. K. Galbraith denuncia a causa disso (1995): "[...] os custos e impostos do presente são tangíveis, mas as vantagens futuras são dispersas. Serão outros, e no futuro, que irão se beneficiar; por que pagar para ajudar pessoas desconhecidas? Assim, [...] volta-se a insistir na inação e na resultante desobrigação de se arcar com custos presentes". O futuro, para esses, é algo vago, intangível e que talvez nunca chegue.

Os exemplos dessa atitude são numerosos: nunca há recursos disponíveis suficientes para ampliar, melhorar e manter a rede de escolas públicas, para reverter a acentuada degradação dos hospitais, para criar transportes coletivos sobre trilhos, para proteger os mananciais de água, as reservas biológicas e os parques nacionais, para controlar as diversas formas de poluição de maneira duradoura e eficaz, para a melhoria do sistema de coleta e tratamento de lixo urbano ou para o controle rigoroso do destino dos resíduos tóxicos industriais.

Segundo os cálculos do engenheiro sanitarista Carlos Alberto Branco, o custo total para a implantação de sistemas de esgotos sanitários no Brasil seria de R$ 15 bilhões, em 25 anos, ou de cerca de R$ 600 milhões anuais (base: 1994). As doenças de veiculação hídrica, isto é, as transmitidas por falta de manejo adequado de água e esgoto, custam ao sistema previdenciário pelo menos R$ 700 milhões por ano, não se levando em conta os que se tratam particularmente e as horas de trabalho perdidas. Melhorar o saneamento básico significa também bem-estar e qualidade de vida, principalmente para os mais desafortunados. Para nenhuma dessas coisas básicas há dinheiro sobrando, mas quando bancos estão em dificuldades, normalmente por má administração ou roubo, o governo federal dispõe de vários bilhões de reais para socorrê-los, como ocorreu no segundo semestre de 1995 e em anos posteriores. Usam diversos e enfáticos argumentos, mas todos encobrem a verdadeira razão: proteger os investimentos das classes mais abastadas.

As democracias capitalistas, notadamente as dos países fora da Europa, são em grande parte dominadas pelos bem de vida, que protegem os seus privilégios eficientemente. Esse controle das instituições políticas se dá sob o manto da democracia, mesmo quando ela não é uma democracia de todos os cidadãos, mas apenas daqueles que, em defesa das suas vantagens sociais e econômicas, efetivamente comparecem às urnas; ou, onde o voto é obrigatório (como no Brasil), exercem *lobbies* e pressões sobre os governos e os parlamentos. Galbraith afirma que “o resultado é um governo adaptado não à realidade ou à necessidade comum, mas às crenças e convicções dos cidadãos satisfeitos e bem de vida”. É uma democracia da qual os menos afortunados não participam. O ex-professor de Harvard e ex-colaborador do presidente John Kennedy afirma estar pessoalmente ciente do espírito típico do contentamento dos bem de vida e da sua resistência altamente motivada diante de mudanças e reformas.

As dificuldades para se realizarem as mudanças necessárias

crescem na proporção em que se firma uma cultura do dinheiro nas sociedades. "O dinheiro, num grau singular, é o que a maioria satisfeita aprecia e utiliza", continua Galbraith.

> É a este público que a televisão e a imprensa estão dirigidas. Em conseqüência, a idéia do governo como um fardo oneroso e desnecessário, as desgraças supostamente auto-infligidas dos pobres e até matérias ressaltando a grande utilidade social da renda dos ricos passam a ser aceitas como se fossem um ponto de vista respeitável.

A verdade é que essas pessoas acham-se, em geral, credoras das benesses do mundo; toda a sua riqueza e seus privilégios lhes parecem ser justamente merecidos, para dizer o mínimo. Assim, ninguém deveria sentir-se culpado por sua boa fortuna pessoal diante de uma classe trabalhadora que, segundo Ricardo e Malthus, procriava-se implacavelmente até o nível de subsistência. Nem deveria recriminar-se por estar sujeito a um sistema de mercado que recompensava o esforço de acordo com a contribuição econômica específica e o mérito social geral. Essa presunção faz tais pessoas encararem seus privilégios como se fossem produtos naturais de um determinismo histórico.

É bastante evidente que as políticas econômicas imediatistas do contentamento — forma como Galbraith chama a política dos ricos —, protegidas pela acomodação da teoria econômica ao conforto, poderão, em futuro próximo, trazer crescente desconforto. Como foi visto nas questões de degradação ambiental, de esgotamento dos recursos naturais, de desemprego, de violência urbana, de isolamento social e de concentração de renda, o modelo econômico baseado no incentivo ao consumo crescente e à competição desenfreada por riqueza e poder não é em absoluto sustentável. As medidas corretivas necessárias para prevenir um sofrimento maior estão ao alcance das decisões e vontades políticas. Galbraith alerta que, para tanto, os que hoje se encontram à margem da maioria satisfeita poderiam se organizar, ou, mais precisamente, ser organizados no seu próprio interesse e, por conseguinte, no interesse público mais amplo e mais seguro. Mas, infelizmente, estamos tratando aqui de uma democracia, daqueles que não têm o menor senso de urgência para corrigir o que está errado e que, através do conforto imediato, isolam-se das coisas que poderiam causar-lhes transtornos.

Pode haver diversas diferenças entre as posições políticas e sociais dos mais ricos, mas não há divergências quando se trata de defender os seus privilégios. Nenhum deles tem dúvidas ou ambigüidades quanto à sua situação atual. A maioria satisfeita considera que o futuro efetivamente depende de seu comando pessoal. "A sua raiva fica evidente — e pode ficar vigorosamente evidente — somente quando há uma ameaça ou uma possível ameaça ao seu bem-estar atual e às suas perspectivas futuras (quando o governo ou aqueles menos merecedores ameaçam interferir em suas necessidades ou exigências)", acentua Galbraith. Os bem de vida monopolizam o contexto político, criando barreiras às mudanças necessárias. Há, notadamente nas sociedades mais ricas, uma perda de compaixão pelos excluídos, que já foi bem mais vigorosa em tempos menos consumistas.

Não é necessário ser hegeliano para concordar que o anseio de reconhecimento é um fator antropológico fundamental. Mas é ilusório pensar que esse anseio tenha sido alguma vez satisfeito, sendo mesmo duvidoso que isso chegue a ser possível.

PARTE V

A Sociedade do Desenvolvimento Sustentável

Para criarmos uma nova sociedade é preciso, inicialmente, estarmos cientes das dificuldades quase insuperáveis que tal empreitada enfrentará. A nebulosa consciência dessas dificuldades, na opinião de Erich Fromm (1976), provavelmente é uma das principais razões pelas quais tão pouco esforço se faz no sentido das mudanças necessárias. Aqueles que lutam por essas mudanças e acreditam em um mundo melhor só poderão obter sucesso se forem intransigentes realistas, não se deixando levar por ilusões e considerando plenamente as dificuldades que devem ser enfrentadas. Dentre elas, algumas se destacam.

Em função da lógica intrínseca ao capitalismo vigente, as empresas e o governo tendem a aumentar continuamente, e de fato tornam-se gigantescos, sendo administrados centralmente, desde o topo da pirâmide até as bases, por um aparelho burocrático. Essa excessiva concentração de poder restringe a liberdade e a independência dos cidadãos. Um dos requisitos básicos de uma sociedade mais humana, menos materialista, é que esse processo de centralização seja revertido. Assim:

— O planejamento global deve ser combinado com um elevado grau de descentralização, não confiando à economia de mercado (que, sob muitos aspectos, tornou-se uma ficção) a solução de nossos problemas, tal como pretende o neoliberalismo, atualmente tão em moda.

— A produção industrial deve ser a mais descentralizada possível. A crescente concentração de poderes em um grupo de corporações industriais transnacionais relativamente reduzido está criando uma forma de fascismo, o "fascismo tecnológico".

— Acabar com a meta (e o mito) do crescimento ilimitado, estabelecendo, em seu lugar, uma meta de desenvolvimento seletivo (qualitativo), sem o risco de colapso.

— A necessidade de criar condições de trabalho e um espírito tal que o ganho material não seja a motivação prioritária, mas sim as satisfações psíquicas e afetivas.

— Estimular o conhecimento científico, evitando-se contudo que esse conhecimento transforme-se em perigo para a espécie humana quando de sua aplicação prática.

— Criar condições culturais que permitam às pessoas obter bem-estar, alcançar a alegria de viver através de realizações sociais, morais e intelectuais, e não da busca do prazer máximo.

As dificuldades para a adoção dessas medidas, aliadas a muitas outras, parecem ser assustadoramente complicadas. Mas, da mesma forma, as utopias técnicas — como voar — eram inimagináveis há poucos séculos. A **utopia humana**, como foi denominada por Fromm, com uma nova sociedade humana, vivendo em solidariedade e paz, livre do determinismo econômico, da luta de classes e da guerra, pode ser alcançada, "desde que despendamos a mesma energia, inteligência e entusiasmo na realização da utopia humana que empregamos na consecução de nossas utopias técnicas".

Serão necessários muitos estudos, projetos e modelos (ver "Desenvolvimento Sustentável") que comecem a reduzir a distância entre o que é preciso e o que é possível. Isso requer planejamento em larga escala, a longo prazo, e as propostas — e adoção

— imediatas das primeiras medidas. Uma vez que as esferas políticas e econômicas da sociedade devem ser subordinadas ao desenvolvimento humano, o modelo da nova sociedade deve ser determinado pelas exigências de indivíduos não alienados, não oprimidos pela propaganda e pela competição consumista. "Isso significa que os seres humanos nem viverão em indigência desumana — que ainda é o problema da maioria dos povos — nem serão obrigados, como o são os abastados do mundo industrial, a ser o *Homo consumens* pelas leis inerentes à produção capitalista, que demanda um aumento contínuo da produção e, portanto, obriga ao consumo crescente", enfatiza Fromm.

Para que um dia os homens venham a ser realmente livres e cessem de alimentar a indústria pelo consumo patológico, torna-se necessária uma mudança radical no sistema econômico: é fundamental mudar a situação atual, em que uma economia saudável só é possível à custa de seres humanos não saudáveis.

Fromm sugere como se deve proceder para determinar o que é útil à vida e o que lhe é nocivo.

> Terá de ser empreendida, pela nova ciência do homem, uma pesquisa básica sobre a natureza das necessidades ainda mal tangenciadas. Teremos de determinar que necessidades originam-se em nosso organismo; quais são os resultados do progresso cultural; quais são as manifestações do crescimento individual; quais são as necessidades sintéticas, forjadas e impostas aos indivíduos mediante bombardeio publicitário; quais são as [necessidades] "ativas" e quais são as "passivas"; quais decorrem de doença e quais são exigidas pela saúde psicológica.

Os resultados dessas pesquisas não serão impostos compulsoriamente, mas serão tão-somente linhas mestras a serem submetidas à discussão da sociedade. Continua Fromm: "[...] ver-se-á que o consumo em excesso acarreta passividade; que a necessidade de rapidez e novidade, que só podem ser satisfeitas pelo consumismo, reflete inquietação, a fuga íntima de nós mesmos". O público tornar-se-á ciente de que a procura da novidade a ser feita ou da nova invenção a ser consumida nada mais é do que uma forma de fuga. Pode-se esperar que um esforço conjunto para estimular o consumo sadio tem probabilidade de alterar o padrão de consumo. "Mesmo que os métodos de lavagem cerebral pela publicidade que a indústria agora utiliza sejam evitados — e essa é uma condição essencial —, não parece fora de propósito esperar que esse esforço tenha efeito não muito menos eficaz que o da [própria] propaganda industrial."

O consumo sadio só será alcançável se for possível reduzir de forma acentuada o poder que os donos e principais dirigentes das grandes empresas têm de determinar a sua produção exclusivamente com base na expansão e na expectativa de lucros. Já existem, principalmente nas democracias ocidentais mais estáveis, legislações restritivas ao direito de propriedade em nome do bem-estar público. O importante é o poder de dirigir a produção, e não a propriedade do capital. A longo prazo, as preferências dos consumidores decidirão o que deve ser produzido, uma vez que terá terminado o poder sugestivo da publicidade. As empresas existentes terão de se adaptar para poder atender às novas demandas, ou, quando isto não for possível, o governo deverá intervir para garantir o fornecimento dos novos bens e serviços compatíveis com o desenvolvimento sustentável.

> Todas essas mudanças só podem ser feitas paulatinamente e com a aquiescência da maioria da população. [...] Mas significam uma nova forma de sistema econômico, diferente do que é o capitalismo de nossos dias, como do [que foi o] capitalismo do Estado soviético centralizado e da burocracia do bem-estar total sueco. Sem dúvida alguma, desde o início, as grandes

> empresas empregarão sua tremenda força para combater essas mudanças. Só o desejo esmagador dos cidadãos de consumo sadio poderá quebrar a resistência das empresas (Fromm, 1976).

Para se evitar a ditadura econômica, que se acentua na relação entre os diferentes segmentos sociais (e entre os países), será necessária a maior participação dos cidadãos nos processos decisórios. Os interesses da maioria devem ser respeitados, as minorias devem ser ouvidas, e é imprescindível que a defesa do bem-estar do cidadão comum seja mais forte que o *lobby* empresarial de visão curta. Necessitamos mesmo de uma democracia empresarial, na qual cada membro da organização desempenhe papel ativo nas suas atividades, em que cada um seja plenamente informado e participe do processo decisório. A democracia empresarial significa principalmente que a empresa não seja somente uma instituição econômica e técnica, mas uma instituição social, em cuja vida e modo de operar todos os membros tornem-se ativos e, portanto, interessados nos objetivos a cumprir.

Para que se obtenha êxito no desenvolvimento de uma nova sociedade, é fundamental que — a par dos processos e técnicas expostos nos itens "Desenvolvimento Sustentável" e "Novas Tecnologias" — sejam também adotadas as seguintes medidas:

— Os direitos e a participação das mulheres na sociedade têm de progredir muito, principalmente nos países em desenvolvimento (mas não apenas neles). Não se poderá alcançar uma sociedade sustentável enquanto a mulher continuar relegada à condição de subclasse, como ocorre em diversos países africanos e asiáticos, onde ela fica restrita a procriar e cuidar dos serviços domésticos. Somente nos países onde a mulher conquistou direitos semelhantes (ou próximos) ao do homem, o planejamento familiar foi bem-sucedido. A miséria e a degradação ambiental só poderão ser combatidas com a intensa participação feminina.

As mulheres fazem, mundialmente, mais da metade do trabalho (1/3 dos chefes de família no mundo são mulheres), mas recebem apenas 10% dos ganhos, detêm tão-somente 1% das propriedades e possuem muito pouca voz ativa nas decisões de qualquer natureza. As mulheres serão certamente um importante agente de mudança em um novo mundo. Durante a Conferência das Nações Unidas sobre Meio Ambiente e Desenvolvimento, em 1992, no Rio de Janeiro, os governos reconheceram que as políticas em geral fracassarão se as mulheres nelas não estiverem envolvidas.

— Todos os métodos de lavagem cerebral presentes na publicidade industrial e política devem ser proibidos.

— Um sistema eficaz de divulgação de informações deve ser estabelecido. A informação correta e acessível é um elemento fundamental para a formação de uma verdadeira democracia.

— Introdução do conceito de “espaço ambiental”, que estabelece o princípio de que todas as pessoas têm o direito a uma participação justa no uso da água, acesso à alimentação e à utilização do ar, da terra e de outros recursos naturais, respeitando-se a capacidade-suporte do planeta.

— O setor de negócios, inclusive a agricultura e a silvicultura, tem de assumir sua responsabilidade na preservação ambiental. Algumas indústrias têm se revelado determinadas a adotar processos industriais ambientalmente sãos, substituindo técnicas e métodos claramente poluentes.

— Associações de consumidores, sindicatos e organizações ambientais devem trabalhar conjuntamente para promover as mudanças necessárias, uma vez que, juntos, podem influenciar e representar os interesses públicos em três áreas-chave: consumo, produção e sustentabilidade. Em conjunto, podem projetar estratégias nacionais e internacionais de desenvolvimento sustentável em contraposição a estratégias oficiais inadequadas ou inexistentes.

— Organizações ambientais e de desenvolvimento devem trabalhar juntas para preencher os vazios entre as políticas voltadas para promover crescimento econômico e as políticas que promovem reestruturação social e ambiental. Elas podem agir em campanhas formadoras de opinião, enfatizando a qualidade de vida, e não o consumo excessivo. Essas organizações devem construir uma rede para a troca de experiências e para dar suporte às populações que não possuem direitos democráticos ou autonomia e apoio para procurarem estruturas e sistemas de produção e consumo sustentáveis.

— Governos, sindicatos patronais e de empregados, associações de classe, institutos de desenvolvimento, todos, enfim, devem aprender a pensar e a planejar em termos de qualidade de vida, de preferência a padrão de vida, assegurando que ela seja mantida sem crescimento econômico, ambiental, social e culturalmente destrutivo.

Considerações Finais

A questão ambiental é, em seu conjunto, extremamente complexa, e estamos apenas engatinhando na tentativa de compreender o nosso universo. No início deste livro, foram enfatizadas as controvérsias e as enormes dúvidas (também consideradas no capítulo sobre problemas ambientais) que acompanham essas questões. As soluções exigem não apenas novas tecnologias, mas também mudanças decisivas no estilo de vida da civilização industrial. Obviamente essas mudanças enfrentarão grande resistência. É necessário, contudo, evitar a polarização negativa entre os que desejam mudanças radicais, sem se aprofundarem nas questões (o que pode ter conseqüências dolorosas, com poucos resultados positivos para o meio ambiente), e aqueles que defendem o *laissez-faire*, por sustentarem, levianamente, que as atividades humanas não oferecem riscos ao ambiente natural. É enorme o perigo da serena "teologia do *laissez-faire*" — como a denomina Galbraith (*op. cit.*) —, a qual sustenta que, no final, tudo acabará se resolvendo da melhor maneira possível. Sem dúvida, é de um cândido e leviano otimismo...

Há grandes incertezas nas projeções das alterações futuras do meio ambiente. Mas essas incertezas não diminuem necessariamente os riscos. Não há igualmente como negar que o homem está transformando rapidamente o planeta, em um ritmo nunca antes alcançado na história da Terra. "A espécie humana tornou-se um agente de mudanças ambientais mais importante do que a própria natureza", declarou o presidente da Academia de Ciências dos Estados Unidos, Frank Press, em 1989, durante o encontro do Grupo dos Sete, as principais nações industrializadas.

As denúncias sobre os danos e riscos inerentes à acelerada transformação imposta pelos homens ao planeta, infelizmente, não têm sido suficientes para provocar as mudanças imprescindíveis no caminho da civilização humana. Um dos maiores obstáculos ao enfrentamento dos problemas ambientais, cujas conseqüências só se farão sentir a médio e a longo prazos, e de forma complexa (com indicadores pouco claros para a maioria das pessoas), é que a filogênese do homem não o condicionou a reagir a ameaças de longo prazo. A estrutura mental humana provoca apenas reações a danos imediatos ou de curto prazo. Paul Ehrlich, da Universidade de Stanford, Califórnia, referindo-se ao aniquilamento dos hábitats, observa que:

> [...] os seres humanos têm grande dificuldade para perceber e reagir a mudanças que ocorrem na escala de décadas. Nosso sistema nervoso evoluiu para responder a crises de curto prazo: a perda potencial do parceiro para um rival, o aparecimento súbito de um urso na boca da caverna etc. [...] A linhagem humana evoluiu respondendo a mudanças nos ecossistemas nos quais nossos ancestrais viveram, mas os indivíduos não podem reagir adaptando-se a essas mudanças, as quais, normalmente, ocorrem lentamente. A eliminação da diversidade orgânica e o potencial de destruição da nossa civilização podem, ironicamente, ser o resultado inevitável da nossa evolução (Ehrlich, 1994).

Apesar do pessimismo de Ehrlich, as soluções para se prevenir uma crise ambiental aguda e irreversível são técnica e politicamente possíveis. Deve-se, no entanto, reconhecer que não é da natureza da política do contentamento antever ou planejar medidas corretivas para uma calamidade que ainda esteja por acontecer em um futuro incerto, por mais previsível que ela seja. Uma vez que esse tipo de planejamento exige mudanças no padrão de vida, a renúncia a uma versão moderna e muito mais poderosa de "corrida ao ouro" exige também medidas governamentais — como mais investimentos em educação, habitação e saúde. E isso sofre a sistemática resistência da maioria satisfeita, que comanda o governo dos países em geral.

As resistências às medidas corretivas necessitam e podem ser dobradas, mas todos concordam que isso exige um trabalho hercúleo. Uma visão clara de como essas resistências estão enraizadas na cultura dos povos é a exposta pelo economista Haruo Shimada, da Universidade de Keio, em Tóquio, e membro do Comitê de Reforma Administrativa do governo japonês. Falando sobre a crise do seu país, ele afirma — em entrevista a Marcos Sá Corrêa para a revista *Veja* (12 de abril de 1995): "[...] a economia japonesa tem superávit comercial, moeda forte, pleno emprego (2% de desempregados), mas está doente". Observa ele que apenas ocasionalmente um ou outro político toca no assunto.

> Quando isso acontece, o resto reage: "Ele está dizendo coisas desagradáveis." Como os eleitores preferem quem diz coisas agradáveis, o "durão" acaba tirado de cena. Eu acho que incomodo por ficar repetindo: "Ei, este navio tão confortável, em que a gente leva um vidão, está fazendo água." Mas o mal de uma sociedade quase sem classes, como a japonesa, é que, nessas horas, todo mundo está no convés. Não há praticamente ninguém no porão para ver a água entrando.

O célebre historiador inglês Arnold J. Toynbee (1889-1975), em entrevista à rádio Free Europe, no início da década de 1970, já alertava para o conflito entre a biosfera e a tecnosfera, esta entendida como o conjunto de técnicas e instrumentos a serviço dos homens. A tecnosfera é contemporânea da natureza humana e passou a existir tão logo nossos ancestrais começaram a modificar fragmentos da biosfera para servirem como instrumentos para atingir seus propósitos. Nos últimos 20 ou 30 mil anos, já no período neolítico, quando o homem começou a formar núcleos populacionais, passando gradativamente de nômade a sedentário e criando as cidades, o desenvolvimento de técnicas de transformação da natureza foi muito acelerado. No início, foi a agricultura e a domesticação de animais, depois a metalurgia e, por fim, a Revolução Industrial, que tem ganho velocidade a passos largos — vertiginosos mesmo — em nossa época. Diz Toynbee:

> [...] logo que o homem tornou-se consciente de si mesmo, percebeu, ao contrário dos outros seres vivos, que estava à mercê da natureza, à mercê da biosfera. E ele naturalmente queria ser o senhor, em vez do escravo da natureza. Esta sempre foi a sua ambição, mas nunca percebeu que iria consegui-lo em tão alto grau, até há bem pouco tempo. [...] Quando conseguiu sobrepujar a natureza e substituir a biosfera — o meio ambiente natural — pela tecnosfera, que é um meio artificial (feito pelo homem), adquiriu poder. E poder não somente sobre a natureza não humana, mas — o que é muito mais sério — sobre seus companheiros. Para ser mais exato, alguns seres humanos alcançaram grande poder sobre os outros (Toynbee, entrevista a Glenny, 1970-1971).

Com o acelerado desenvolvimento tecnológico, foi ficando claro que esse poder está em desacordo com valores básicos da civilização humana, como bem o acentuaram A. Huxley (1995) e Arthur Koestler, que, no livro *Janus: a Summing Up* (1978), sustenta que a área do cérebro que gera a tecnologia e o conhecimento tem se desenvolvido muito mais rapidamente do que a que aprimora os valores éticos e as relações humanas. Prossegue Toynbee:

> [...] gostaríamos de saber também se, ao substituirmos com tanto sucesso a biosfera pela tecnosfera, não trocamos um senhor

moderadamente severo por um *intoleravelmente* severo. Talvez não possamos suportar ou não sobrevivamos ao senhor que criamos para nós. Esta é uma história como a de Frankenstein, o homem artificial que destruiu seu criador humano.

É cada vez mais óbvio que devemos fazer uma pausa no desenvolvimento do nosso poder e também dirigir nossa atenção e energia do domínio da biosfera e da imposição da tecnosfera para o domínio de nós mesmos e de nossas relações com os outros. Observa Toynbee que é isso que todas as religiões e filosofias da história vêm nos dizendo a uma só voz, há bastante tempo.

> Agora isto certamente se tornou óbvio para todos [...]. Precisamos agora desviar muito desta dedicação ao desenvolvimento da tecnologia e canalizá-la para fazer com que nossa vida social e nosso comportamento em geral alcancem o padrão necessário a criaturas que têm este enorme poder nas mãos. Simplesmente não estamos à altura de exercer o poder que temos [...]. Precisamos dominar a nós mesmos, de algum modo, e (...) até que possamos conseguir isso, estaremos sob a ameaça da tecnosfera, que é nossa própria criação (Toynbee, *idem*).

Como foi acentuado ao longo deste livro, as principais causas da erosão do ambiente natural, assim como do meio social, estão impregnadas na nossa cultura, isto é, na nossa mente e no nosso comportamento. As origens das questões que ora desafiam a humanidade são — basicamente — de natureza cultural. Só poderemos reverter a tendência de decadência da nossa civilização se elas forem devidamente identificadas e enfrentadas. Precisamos urgentemente rever os valores da sociedade industrial e a nossa relação com o ambiente natural. Para concluir, ouçamos, mais uma vez, Jay Gould:

Sugiro que travemos um pacto com o nosso planeta. Ele tem todas as cartas na mão e detém um enorme poder sobre nós — tanto que necessitamos deste pacto desesperadamente, ao contrário da Terra, que possui uma outra escala de tempo. Para nós, seria uma bênção e, para ela, apenas uma indulgência. Devemos nos apressar em assinar os papéis e fechar negócio enquanto ela ainda se mostra disposta a um acordo. Se tratarmos a Terra com decência, ela continuará a sustentar-nos por algum tempo. Se nós a ferirmos, ela vai sangrar um pouco, livrar-se de nós, curar-se e depois seguir cuidando de sua própria vida, em sua própria escala.

Bibliografia Consultada

ABRACOS PROJECT, THE, Instituto Nacional de Pesquisas Espaciais (INPE) e Institute of Hydrology (IH). *The Carbon Store*, s/d.

ADLER JR., B. *The Whole Earth Quiz Book*. Nova York, Bill Adler Books Inc., 1991.

BERTSEN, T. "Challenging Traditional Growth." *UNEP Magazine — Our Planet*, Vol. 7, nº 1, p. 11, 1995.

BOLIN, B. "Trust the science." *UNEP Magazine — Our Planet*, Vol. 7, nº 2, p. 23, 1995.

BOSCHERON, T. *Mauvais temps sur la planète* (vídeo), com a participação de Claude Lorius, paleoclimatologista francês. V. Videoteca Científica do Serviço Cultural do Consulado da França, Rio de Janeiro.

BRANCATELLI, J. "What is Polluting our Beaches?" *Smithsonian*, Special Advertising Section, Vol. 26, nº 1, 1995.

BROWN, L. R. (org.). *State of the World 1991*, A Worldwatch Institute Report on Progress Toward a Sustainable Society. Nova York, W W Norton & Company, 1991.

——. *State of the World 1993*, A Worldwatch Institute Report on Progress Toward a Sustainable Society. Nova York, W W Norton & Company, 1993.

——. *State of the World 1994*, A Worldwatch Institute Report on Progress Toward a Sustainable Society. Nova York, W W Norton & Company, 1994.

——. *State of the World 1995*, A Worldwatch Institute Report on Progress Toward a Sustainable Society. Nova York, W W Norton & Company, 1995.

——. *State of the World 1996*, A Worldwatch Institute Report on Progress Toward a Sustainable Society. Nova York, W W Norton & Company, 1996.

——. *State of the World 1997*, A Worldwatch Institute Report on Progress Toward a Sustainable Society. Nova York, W W Norton & Company, 1997.

——. *State of the World 1998*, A Worldwatch Institute Report on Progress Toward a Sustainable Society. Nova York, W. W. Norton & Company, 1998.

——. *State of the World 1999*, A Worldwatch Institute Report on Progress Toward a Sustainable Society. Nova York, W. W. Norton & Company, 1999.

BROWN, L. R. *et al. Vital Signs 1995, the environmental trends that are shaping our future.* Nova York, W. W. Norton & Company, 1995.

——. *Vital Signs 1998, the environmental trends that are shaping our future.* Nova York, W. W. Norton & Company, 1998.

BURNEY, D. A. "Recent Animal Extinctions: Recipes for Disaster." *American Scientist*, Vol. 81, nº 6, p. 530, 1993.

CAVALCANTE DE LIMA, H. & WERNECK DA CUNHA, M. *Viagem à terra do pau-brasil*. Rio de Janeiro, Agência Brasileira de Cultura, 1992.

CHAUVET, M. & OLIVIER, L. *Biodiversité — enjeu planétaire*. Paris, Editions de la Terre, 1993.

CHESNAIS, J.-C. "Razões da violência", entrevista à *Veja*, 09/1995.

CHURCH, G. J. "Jobs in an Age of Security", *Time International*, nº 47, p. 14, 1993.

COUNCIL OF NORDIC TRADE UNIONS. *Sustainable Production and Consumption* (Recommendations for the Ministerial Roundtable Conference on Sustainable Produtions and Consumption). Oslo, 1995.

DONNELLY, S. B. "Ukraine, Apocalypse Soon?" *Time International*, nº 47, p. 41, 1993.

EHRLICH, P. "Too Many Rich People." *UNEP Magazine — Our Planet*, Vol. 6, nº 3, p. 12, 1994.

EINSTEIN, A. *Escritos da maturidade*. Rio de Janeiro, Nova Fronteira, 1994.

ENZENSBERGER, H. M. *Guerra civil*. São Paulo, Companhia das Letras, 1995.

FROMM, E. *Ter ou ser?* Rio de Janeiro, Zahar Editores, 1976.

FUNDAÇÃO INSTITUTO BRASILEIRO DE GEOGRAFIA E ESTATÍSTICA (FIBGE). *Anuário Estatístico do Brasil*. Rio de Janeiro, Dpto. Editoração Gráfica, DEDIT/CDDI, diversas datas.

GALBRAITH, J. K. *A cultura do contentamento*. São Paulo, Livraria Pioneira Editora, 1992.

GARRET, L. *A próxima peste: novas doenças num mundo em desequilíbrio*. Rio de Janeiro, Nova Fronteira, 1995.

GORE, A. *Earth in the Balance. Ecology and the Human Spirit*. Nova York, Plume (Penguin Group), 1993.

GLEICK, James. *Caos — a criação de uma nova ciência*. Rio de Janeiro, Campus, 1990.

GLENNY, M. "Uma entrevista com Arnold Toynbee." *Humanidades*, Vol. II, nº 7, p. 99, 1984.

GLOBAL TOMORROW COALITION, THE. *The Global Ecology Handbook (What you can do about the environmental crisis)*. Boston, Beacon Press, 1990.

GLOBO, O. "Quando Freud vai às compras", 21/05/1995.

——. "Crescer não basta para combater pobreza", 21/01/1996.

——. "Onda de calor já matou 15 pessoas nos Estados Unidos", 15/07/1998.

GOULD, S. J. *Dedo mindinho e seus vizinhos — Ensaios de História Natural*. São Paulo, Companhia das Letras, 1993.

GRADWOHL, J. & GREENBERG, R. *Saving the Tropical Forests*. Londres, 1990.

HARARI, J. & PEREIRA, J. E. R. "On the use of time series analysis and numerical modelling in Brazilian shelf and coastal areas", painel na Conferência sobre Mudanças Globais. São Paulo, Universidade de São Paulo, Instituto de Estudos Avançados, 1995.

HARDIN, G. *Living within Limits (Ecology, Economics and population taboos)*. Nova York, Oxford University Press, 1993.

HEINRICH, D. & HERGT, M. *Atlas de l'Écologie*. Paris, Librairie Générale Française, 1993.

HENDERSON, H. "Redefining Wealth." *UNEP Magazine — Our Planet*, Vol. 7, nº 1, p. 13, 1995.

HOBSBAWN, E. *Era dos extremos — o breve século XX, 1919-1991*. São Paulo, Companhia das Letras, 1995.

HOUGHTON, R. A. *Environmental Science Technology*. vol. 24, p. 414, 1990.

HUXLEY, A. *Huxley e Deus*. Rio de Janeiro, Bertrand Brasil, 1995.

INSTITUTO NACIONAL DE PESQUISAS ESPACIAIS. "INPE atualiza dados do desflorestamento na Amazônia, de 95 a 97." INPE Notícias, anot 4, n. 13, 1998.

JONHSEN, S. "Employment and the Environment: Towards a New Model of Development", conferência no Oslo Roundtable on Sustainable Development, 09/02/1995.

JORNAL DO BRASIL. "Delors quer limite para salários. (Plano para conter o desemprego na Europa prevê também mais obras públicas)", 22/07/1994.

——. "Peste assusta e faz as primeiras vítimas na capital da Índia", 28/09/1994.

——. "Miséria será o maior inimigo da paz mundial", 19/02/1995.

——. "Reunião da ONU discute imposto social", 07/03/1995.

——. "Mortos pelo calor nos Estados Unidos chegam a 256", 18/08/1995.

——. "Paris tem o dia mais quente do século", 22/08/1995.

——. "Ozônio alcança perda recorde na Antártida", 13/09/1995.

——. "Tuberculose atinge um terço da população", 26/10/1995.

——. "Pobres nos EUA vivem de caridade", 17/01/1996.

——. "Antibióticos não vencem as infecções nos EUA", 17/01/1996.

——. "ONU diz que 800 milhões passam fome", 30/04/1996.

——. "Mancha verde ameaça Baía de Sepetiba", 02/02/1998.

KEYFITZ, N. "The Emergence of New Diseases." *American Scientist*, Vol. 82, nº 1, p. 52, 1994.

KLINKENBORG, V. "A Farming Revolution." *National Geographic Magazine*, Vol. 188, nº 6, p. 60, 12/1995.

KOESTLER, A. *Janus: a summing up*. Londres, Picador (Pan Books), 1978.

LAZARUS, D. "Destruction and Life at a Refugee Camp." *UNEP Magazine — Our Planet*, Vol. 5, nº 2, p. 5, 1993.

LEMONICK, M. D. "Feeling the Heat." *Time International*, nº 1, 1989.

LIEBMANN, H. *Terra, um planeta inabitável? Da Antiguidade até os nossos dias, toda a trajetória poluidora da humanidade*. Rio de Janeiro, Biblioteca do Exército Editora, 1979.

LORENZ, K. *Civilização e pecado (Os oito erros capitais do homem)*. São Paulo, Círculo do Livro, Artenova, 1973.

——. *A demolição do homem. Crítica à falsa religião do progresso*. São Paulo, Brasiliense, 1986.

LUTTWAK, E. N. "O risco do fascismo", entrevista à *Veja*, 06/1995.

MANSUR, A. "Um lazer por água abaixo." *Jornal do Brasil, Revista de Domingo*, nº 962, p. 34, 09/10/1994.

MATTHEWS, S. W. "Is our World Warming? Under the SUN." *National Geographic Magazine*, Vol. 178, nº 4, p. 66, 1990.

MATTOS DE LEMOS, H. Percentual da ajuda financeira aos países em desenvolvimento para o cumprimento da Agenda 21, depoimento pessoal ao autor, dezembro de 1995.

MEADOWS, D. *et. al. Beyond the Limits (Confronting Global Collapse, envisioning a Sustainable Future)*. Post Mills, Vermont, Chelsea Green Publishing Company, 1992.

MINISTÉRIO DA CIÊNCIA E TECNOLOGIA. *Plástico biodegradável — o plástico do futuro*, informe do Programa de Apoio ao Desenvolvimento da Ciência e Tecnologia (PADCT), ano IV, nº 14, Brasília, MCT, 10/1993.

MONTORO, F. "Inconsciência dos fartos." *Jornal do Brasil*, 27/03/1995.

MUNGALL, C & McLAREN, D. J. *Planet under stress*. Canadá, Oxford University Press, 1990.

NATIONAL GEOGRAPHIC MAGAZINE. "Old tires burn for power, add ruber to the road." *Earth Almanac*, Vol. 182, nº 1, 07/1992.

——. "Waste Not — 'Use Less Stuff.'" Earth Almanac, Vol. 192, n. 6, 12/97.

NATIONAL RESEARCH COUNCIL. *Mudanças e agressões ao meio ambiente*. São Paulo, Makron Books do Brasil Editora Ltda.; Washington, D.C., National Academy Press, 1993.

NOGUEIRA NETO, P. *Os grandes problemas ambientais do mundo contemporâneo*. São Paulo, Universidade de São Paulo, Instituto de Estudos Avançados, Coleção Documentos, 1995.

ORGANIZAÇÃO DAS NAÇÕES UNIDAS (ONU), Comissão Mundial Sobre Meio Ambiente e Desenvolvimento. *Nosso futuro comum*. Rio de Janeiro, Editora da Fundação Getúlio Vargas, 1987.

ORGANIZAÇÃO PARA A ALIMENTAÇÃO E AGRICULTURA (FAO/ONU). "Review of the State of World Marine Fishery Resources." *FAO Fisheries Technical Paper*, 335, Roma, FAO, 1994.

ORYX — Magazine of Fauna and Flora International. "Indonesia in Flames", Vol. 32, number 1, p. 4, 1998.

PADUA, S. M. "Sustainability versus sustainable development." *Green Teacher*, 35, p. 13, 1993.

PAZ, O. *Os filhos do barro*. Rio de Janeiro, Nova Fronteira, 1974.

PEDREIRA, F. "Dores do parto." *Jornal do Brasil*, 29/01/1995.

——. "A filha do demônio." *Jornal do Brasil*, 10/09/1995.

POMPEU DE TOLEDO, R. "O grande irmão está de olho em você." *Veja*, ano 28, nº 41, 1995.

RAVEN, P. "Why it matters." *UNEP Magazine — Our Planet*, Vol. 6, nº 4, 1994.

SÁ CORREIA, M. Entrevista com Haruo Shimada, *Veja*, ano 28, nº 15, 12/10/1995.

SACHS, Y. *L'écodéveloppement*. Paris, Syros, 1993.

SCHAEFFER, J. *et al*. *Alternative Energy Source Book 1991*. Berkeley, Real Goods, 1991.

SIMÕES, J. C. "O processo de aquecimento da Antártida", depoimento pessoal ao autor do glaciologista da UFRGS. Rio de Janeiro, agosto de 1995.

STONE, J. "The Direction of Science: the Role of the Scientists and their Academies." *Scientific Issues of the Next Century*. Nova York, Annals of the New York Academy of Sciences, 1990.

SUGUIO, K. "Probable Impacts Caused by Future 100 Years Sea-Level Rise along the Brazilian Coast", *in* Instituto de Estudos Avançados, Universidade de São Paulo, *Book of Abstracts — Regional Conference on Global Change*. São Paulo, p. 15, 1995.

SUPLEE, C. "Unlocking the Climate Puzzle." *National Geographic Magazine*, Vol. 193, nº. 6, p. 38, 07/1998.

——. " El Niño. La Niña. Nature's Vicious Cycle." *National Geographic Magazine*, Vol. 195, nº. 3, p. 73, 03/1999.

TAYLOR, J. *O circo da ambição. Cultura, riqueza e poder nos anos yuppies*. São Paulo, Página Aberta, 1993.

THE EARTH TIMES. "Living Earth — Phenomena", 30/04 a 14/05, Vol. VIII, nº 8, 1994.

TIME INTERNATIONAL. "Caught in a Fatal Wash (Italy), nº 47, p. 43, 1994.

——. "Man the Dikes! (Disasters)", nº 6, p. 12, 1995.

——. "The Rape of Siberia", nº 10, p. 24, 1995.

——. "One Big Bad Iceberg (Science)", nº 11, p. 41, 1995.

——. "Spiking the Waters", nº 14, p. 40, 1995.

——. "The Evolution of Despair", nº 9, p. 32.

——. "Computers Can Do a Great Job — Yours", nº 20, p. 28, 1995.

——. "Global Pandemic", Health Report, n. 18, p. 10, 1998.

TOLBA, M. K. *et. al. Saving our Planet. Challenges and hopes.* United Nations Environment Programme, Londres, Chapman & Hall, 1992.

TOLBA, M. K. *et al. The World Environment 1972-1992. Two decades of challenge.* United Nations Environment Programme, Cambridge; Londres, Chapman & Hall; University Press, 1992.

TRAUMAN, T. "O Brasil sai de férias." *Veja*, ano 29, nº 1, 03/01/1996.

UNITED NATIONS ENVIRONMENT PROGRAM (UNEP). *Action on Ozone*, 1989.

——. "Women and Sustainable Development." *UNEP Magazine — Our Planet*, Vol. 7, nº 4, 1995.

——. *Global Biodiversity Assessment (GBA). Humans Destroying Earth's biodiversity*. Release da UNEP, 1995.

VAUGHAN, S. "About those Accounts: Reforming the Mascarade of Progress." *UNEP Magazine — Our Planet*, Vol. 5, nº 2, p. 12, 1993.

WILSON, E. O. (ed.). *Biodiversity*. Washington, National Academy Press, 1988.

WORLD RESOURCES INSTITUTE (colab. The United Nations Environment Programme — UNEP — e The United Nations Development Programme — UNDP). *World Resources 1994-95, a Guide to the Global Environment.* Nova York, Oxford University Press, 1994.

WORLD RESOURCES INSTITUTE (colab. The United Nations Environment Programme — UNEP — e The United Nations Development Programme — UNDP — e The World Bank). *World Resources 1996-97, a Guide to the Global Environment.* Nova York, Oxford University Press, 1996.

WORLD RESOURCES INSTITUTE (colab. The United Nations Environment Programme — UNEP, The United Nations Development

Programme — UNDP e The World Bank). *World Resources 1998-99, a Guide to the Global Environment.* Nova York, Oxford University Press, 1998.

WORLD'S SCIENTIFIC ACADEMIES. *Population Summit of the World's Scientific Academies. A Joint Statement by Fifty-eight of the World's Scientific Academies*, 1993.

WORLD RESOURCES INSTITUTE; WUPPERTAL INSTITUTE; NETHERLANDS MINISTRY OF HOUSING, SPATIAL PLANNING, AND ENVIRONMENT; NATIONAL INSTITUTE FOR ENVIRONMENT STUDIES. *Resources Flow: the Material Bases of Industrial Economies.* Washington, 1997.

WORLDNET TELEVISION. *Our Planet, Our Earth. Vanishing Lands* (vídeo), 1991.

YOUNG, J. Z. *An Introduction to the Study of Man.* Oxford, Oxford University Press, 1974.

YOUNG, J. & SACHS, A. "Creating a Sustainable Material Economy", *in* BROWN (org.). *The State of The World 1995*, *op. cit.*

Este livro foi composto na tipologia
Classical Garamond em corpo 11/15 e impresso
em papel Offset 90g/m² no Sistema Cameron da
Divisão Gráfica da Distribuidora Record.